一本书明白

养殖场设施与设备

YIBENSHU
MINGBAI
YANGZHICHANG
SHESHIYU
SHEBEI

黄炎坤　马　伟　主编

"十三五"国家重点
图书出版规划

新型职业农民书架·
养活天下系列

山东科学技术出版社　山西科学技术出版社　中原农民出版社
江西科学技术出版社　安徽科学技术出版社　河北科学技术出版社
陕西科学技术出版社　湖北科学技术出版社　湖南科学技术出版社

中原农民出版社　　　　　　　　　　　　联合出版

U0242771

图书在版编目（CIP）数据

一本书明白养殖场设施与设备 / 黄炎坤，马伟主编 .
—郑州：中原农民出版社，2017.10
（新型职业农民书架）
ISBN 978-7-5542-1782-5

Ⅰ . ①—… Ⅱ . ①黄… ②马… Ⅲ . ①畜禽—养殖场
—生产设备 Ⅳ . ① S815.9

中国版本图书馆 CIP 数据核字 (2017) 第 234674 号

一本书明白养殖场设施与设备
主　编：黄炎坤　马　伟
副主编：徐秋良　吴太谦　程　璞
编　者：琚　琎　郑　立　周阿祥　崔成杰

出版发行	中原农民出版社
	（郑州市经五路66号　邮编：450002）
电　　话	0371-65788655
印　　刷	河南安泰彩印有限公司
开　　本	787mm×1092mm　1/16
印　　张	11.25
字　　数	183千字
版　　次	2018年9月第1版
印　　次	2018年9月第1次印刷
书　　号	ISBN 978-7-5542-1782-5
定　　价	49.00元

目录
Contents

专题一
现代养殖场场址选择与规划

专题提示

　　畜牧技术人员应该掌握现代畜牧养殖工程的生产工艺设计和了解养殖场规划设计的主要程序、内容与方法，运用文字和绘图技术来完整而准确地表达养殖场规划建设思想，为工程设计人员的技术设计和施工图设计提供全面、详尽、可靠的设计依据，并与工程设计部门密切配合，以获得较佳的效果。

I 养殖场场址选择

一、场址选择的基本要求

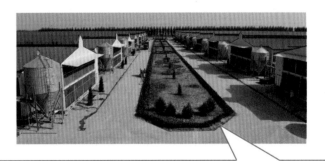

　　一个理想的养殖场场址，应具备以下几个条件：①满足基本的生产需要，包括饲料、水、电、供热燃料和交通。②足够大的面积用于建设畜禽舍、储存饲料、堆放垫草及粪便，控制风、雪和径流，扩建，消纳和利用粪便。③适宜的周边环境。

二、场址选择的主要因素

1. 自然条件因素

（1）地势、地形　平原地区一般场地比较平坦、开阔，场址应注意选择在较周围地段稍高的地方，以利排水。地下水位要低，以低于建筑物地基深度0.5m以下为宜。靠近河流、湖泊的地区，场地要选择在较高的地方，应比当地水文资料中最高水位高1～2m，以防涨水时被水淹没。

山区建场应选在稍平缓坡上，坡面向阳，总坡度不超过25%，建筑区坡度应在2.5%以内。

（2）水源、水质

在仅有地下水源的地区建场，第一步应先打一眼井。如果打井时出现任何意外，如流速慢、泥沙或水质问题，最好是另选场址，这样可减少损失。对养殖场而言，有自己稳定的水源、确保供水是十分必要的。

（3）土壤　对施工地段地质状况要有所了解，主要是收集工地附近的地质勘查资料、地层的构造状况，如断层、陷落、塌方及地下泥沼地层。

（4）气候因素　主要指与建筑设计有关和造成养殖场小气候的气候气象资料，如气温、风力、风向及灾害性天气的情况。

2. 社会条件因素

（1）地理位置　按照养殖场建设标准，要求距离国道、省际公路500m；距省道、区际公路300m；一般道路100m；对有围墙的养殖场，距离可适当缩短 50m；距居民区 1 000 ~ 3 000m。

（2）水电供应　供水及排水要统一考虑，水源水质的选择前面已谈到，拟建场区附近如有地方自来水公司供水系统，可以尽量引用，但需要了解水量能否保证。也可以本场打井修建水塔，采用深层水作为主要供水来源或者作为地面水量不足时的补充水源。

（3）疫情环境　为防止养殖场受到周围环境的污染，选址时应避开居民点的污水排出口，不能将场址选在化工厂、屠宰场、制革厂等容易产生环境污染企业的下风向或附近。不同养殖场，尤其是具有共患传染病的畜种，两场间必须保持安全距离。

3. 其他

（1）土地征用　选择场址必须符合本地区农牧业生产发展总体规划、土地利用发展规划和城乡建设发展规划的用地要求。必须遵守十分珍惜和合理利用土地的原则，不得占用基本农田，尽量利用荒地和劣地建场。大型畜牧企业分期建设时，场址选择应一次完成，分期征地。征用土地满足本期工程所需面积（表1）。远期工程可预留用地，随建随征。征用土地可按场区总平面设计图计算实际占地面积。以下地区或地段的土地不宜征用：①规定的自然保护区、生活饮用水水源保护区、风景旅游区。②受洪水或山洪威胁及有泥石流、滑坡等自然灾害多发地带。③自然环境污染严重的地区。

表 1　土地征用面积估算

场别	饲养规模	占地面积(m²/ 头)	备注
奶牛场	100 ~ 400 头成母牛	160 ~ 180	按成奶牛计
肉牛场	年出栏育肥牛 1 万头	16 ~ 20	按年出栏量计
种猪场	200 ~ 600 头基础母猪	60 ~ 80	按基础母猪计
商品猪场	600 ~ 3 000 头基础母猪	50 ~ 60	按基础母猪计
绵羊场	200 ~ 500 只母羊	10 ~ 15	按成年种羊计
山羊场	200 只母羊	15 ~ 20	按成年母羊计

场别	饲养规模	占地面积（m²/头）	备注
种鸡场	1万～5万只种鸡	0.6～1.0	按种鸡计
蛋鸡场	10万～20万只产蛋鸡	0.5～0.8	按种鸡计
肉鸡场	年出栏肉鸡100万只	0.2～0.3	按年出栏量计

注：数据来自NY/T 682—2003《畜禽场场区设计技术规范》。

（2）养殖场外观　要注意畜禽舍建筑和蓄粪池的外观。例如，选择一种长型建筑，可利用一个树林或一个自然山丘作背景，外加一个修整良好的草坪和一个车道，给人一种环境优美的感觉。在畜禽舍建筑周围嵌上一些碎石，既能接住屋顶流下的水（比建屋顶水槽更为经济和简便），又能防止啮齿类动物的侵入。

养殖场的畜禽舍特别是蓄粪池一定要避开邻近居民的视线，可能的话，利用树木等将其遮挡起来。不要忽视养殖场应尽的职责，建设安全护栏，防止儿童进入，为蓄粪池配备永久性的盖罩。

（3）与周边环境的协调　多风地区尤其在夏秋季节，由于通风良好，有利于养殖场及周围难闻气味的扩散，但易对大气环境造成不良影响。因此，养殖场和蓄粪池应尽可能远离周围住宅区，以最大限度地驱散臭味，减轻噪声和降低蚊蝇的干扰，建立良好的邻里关系。

应仔细核算粪便和污水的排放量，以准确计算粪便的储存能力，并在粪便最易向环境扩散的季节里，储存好所产生的所有粪便，防止深秋至翌年春天因积雪、冻土或涝地易使粪便发生流失和扩散。建场的同时，最好是规划一个粪便综合处理利用厂，化害为益。

在开始建设以前，应获得市政、建设、环保等有关部门的批准，此外，还必须取得施工许可证。

II 养殖场的场区规划

一、养殖场场区规划的原则

原 则

①根据不同养殖场的生产工艺要求，结合当地气候条件、地形地势及周围环境特点，因地制宜。做好功能分区规划。合理布置各种建（构）筑物，满足其使用功能，创造出经济合理的生产环境。

②充分利用场区原有的自然地形、地势，建筑物长轴尽可能顺场区的等高线布置，尽量减少土石方工程量和基础设施工程费用，最大限度地减少基本建设费用。

③合理组织场内、外的人流和物流，创造最有利的环境条件和低劳动强度的生产联系，实现高效生产。

④保证建筑物具有良好的朝向，满足采光和自然通风条件，并有足够的防火间距。

⑤利于家畜粪尿、污水及其他废弃物的处理和利用，确保其符合清洁生产的要求。

⑥在满足生产要求的前提下，建（构）筑物布局紧凑，节约用地，少占或不占耕地，并应充分考虑今后的发展，留有余地。特别是对生产区的规划，必须兼顾将来技术进步和改造的可能性，可按照分阶段、分期、分单元建场的方式进行规划，以确保达到最终规模后总体的协调和一致。

二、养殖场的功能分区及其规划

1. 功能分区（图1）

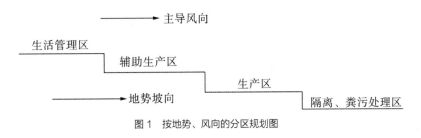

图1 按地势、风向的分区规划图

（1）生活管理区　主要包括办公室、接待室、会议室、技术资料室、化验室、餐厅、职工值班宿舍、厕所、传达室、警卫值班室以及围墙和大门，外来人员第一次更衣消毒室和车辆消毒设施等。生活管理区应在靠近场区大门内侧集中布置。

（2）辅助生产区　主要是供水、供电、供热、维修、仓库等设施，这些设施要紧靠生产区布置，与生活管理区没有严格的界限要求。对于饲料仓库，则要求仓库的卸料口开在辅助生产区内，仓库的取料口开在生产区内，杜绝外来车辆进入生产区，保证生产区内外运料车互不交叉使用。

（3）生产区　主要布置不同类型的畜禽舍、蛋库、挤奶厅、乳品预处理间、剪毛间、家畜采精室、人工授精室、家畜装车台、选种展示厅等建筑，禽场的孵化室和奶牛场的乳品加工室，可与养殖场保持一定距离或有明显分区。

（4）隔离区　隔离区内主要是兽医室、隔离畜禽舍、尸体解剖室、病尸高压灭菌或焚烧处理设备及粪便和污水储存与处理设施。隔离区应处于全场常年主导风向的下风处和全场场区最低处，并应与生产区之间设置适当的卫生间距和绿化隔离带。隔离区内的粪便污水处理设施也应与其他设施保持适当的卫生间距，与生产区有专用道路相连，与场区外有专用大门和道路相通。

2. 规划布置

（1）畜禽舍　应按生产工艺流程顺序排列布置，且朝向、间距合理。

（2）相关设施　生产区内与场外运输、物品交流较为频繁的有关设施，如蛋库、孵化厅、出雏间、挤奶厅、乳品处理间、剪毛间、采精室、人工授精室、装车台、选种展示厅等，必须布置在靠近场外道路的地方。

（3）饲草饲料　青贮、干草、块根多汁饲料及垫草等大宗物料的储存场地，应按照储用合一的原则，布置在生产区内靠近畜禽舍的边缘地带，要求储存场地排水良好、便于机械化装卸、加工和运输。干草常堆于主风向下风处，与周围建筑物的距离符合国家现行的防火规范要求。青贮饲料容重按 $600 \sim 700 kg/m^3$，饲用干草容重按 $70 \sim 75 kg/m^3$ 计算。

（4）消毒、隔离设施　生产区与生活管理区和辅助生产区应设置围墙或树篱严格分开，在生产区入口处设置第二次更衣消毒室和车辆消毒设施。这些设施一端的出入口开在生活管理区内，另一端的出入口开在生产区内。

三、畜禽舍布置形式

1. 单列式

单列式布置使场区的净污道路分工明确，但会使道路和工程管线线路过长。此种布局是小规模养殖场和因场地狭窄限制的一种布置方式，地面宽度足够的大型养殖场不宜采用（图2）。

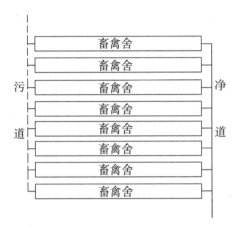

图2　单列布置式畜禽舍

2. 双列式

双列式布置是各种养殖场最经常使用的布置方式，其优点是既能保证场区净污道路分流明确，又能缩短道路和工程管线的长度（图3）。

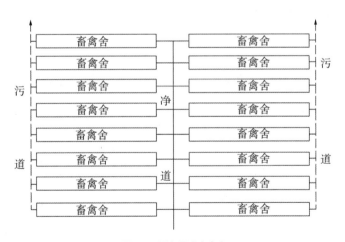

图3　双列布置式畜禽舍

3. 多列式

多列式布置在一些大型养殖场使用，此种布置方式应重点解决场区道路的净污分道，避免因线路交叉而引起互相污染（图4）。

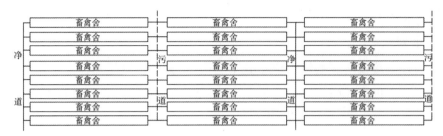

图 4　多列布置式畜禽舍

四、畜禽舍朝向

1. 朝向与光照

光照是促进家畜正常生长、发育、繁殖等不可缺少的环境因子。自然光照的合理利用，不仅可以改善舍内光温条件，还可起到很好的杀菌作用，利于舍内小气候环境的净化。我国地处北纬20°～50°，太阳高度角冬季小、夏季大，为确保冬季舍内获得较多的太阳辐射热，防止夏季太阳过分照射，畜禽舍宜采用东西走向或南偏东或南偏西15°左右朝向较为合适。

2. 朝向与通风及冷风渗透

畜禽舍朝向要求综合考虑当地的气象、地形等特点，抓住主要矛盾，兼顾次要矛盾和其他因素来合理确定（图5）。

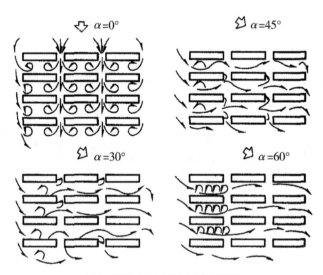

图 5　不同风向入射角鸡舍气流示意

五、畜禽舍间距

由于防疫间距＞防火间距＞采光通风间距，所以畜禽舍的间距主要是由防疫间距来决定。间距的设计可按表2、表3参考选用：

表 2　鸡舍防疫间距（m）

类别		同类鸡舍	不同类鸡舍	距孵化场
祖代鸡场	种鸡舍	30 ～ 40	40 ～ 50	100
	育雏、育成舍	20 ～ 30	40 ～ 50	50 以上
父母代鸡场	种鸡舍	15 ～ 20	30 ～ 40	100
	育雏、育成舍	15 ～ 20	30 ～ 40	50 以上
商品场	蛋鸡舍	10 ～ 15	15 ～ 20	300 以上
	肉鸡舍	10 ～ 15	15 ～ 20	300 以上

表 3　猪、牛舍防疫间距（m）

类别	同类畜舍	不同畜舍
猪场	10 ～ 15	15 ～ 20
牛场	12 ～ 15	15 ～ 20

六、养殖场主要建筑构成

养殖场主要建筑设施因家畜不同而异，大体归纳为表 4 至表 6。

表 4　鸡场

	生产建筑设施	辅助生产建筑设施	生活与管理建筑
种鸡场	育雏舍、育成舍、种鸡舍、孵化厅	消毒门廊、消毒沐浴室、兽医化验室、急宰间和焚烧间、饲料加工间、饲料库、蛋库、汽车库、修理间、变配电室、发电机房、水塔、蓄水池和压力罐、水泵房、物料库、污水及粪便处理设施	办公用房、食堂、宿舍、文化娱乐用房、围墙、大门、门卫、厕所、场区其他工程
蛋鸡场	育雏舍、育成舍、蛋鸡舍		
肉鸡场	育雏舍、肉鸡舍		

表 5 猪场

生产建筑设施	辅助生产建筑设施	生活与管理建筑
配种、妊娠舍	消毒沐浴室、兽医化验室、急宰间和焚烧间、饲料加工间、饲料库、汽车库、修理间、变配电室、发电机房、水塔、蓄水池和压力罐、水泵房、物料库、污水及粪便处理设施	办公用房、食堂、宿舍、文化娱乐用房、围墙、大门、门卫、厕所、场区其他工程
分娩哺乳舍		
仔猪培育舍		
育肥猪舍		
病猪隔离舍		
病死猪无害化处理设施		
装卸猪台		

表 6 牛场

	生产建筑设施	辅助生产建筑设施	生活与管理建筑
奶牛场	育成牛舍、青年牛舍、犊牛舍或犊牛岛、产房、挤奶厅	消毒沐浴室、兽医化验室、急宰间和焚烧间、饲料加工间、饲料库、青贮窖、干草房、汽车库、修理间、变配电室、发电机房、水塔、蓄水池和压力罐、水泵房、物料库、污水及粪便处理设施	办公用房、食堂、宿舍、文化娱乐用房、围墙、大门、门卫、厕所、场区其他工程
肉牛场	母牛舍、后备牛舍、育肥牛舍、犊牛舍		

七、养殖场规划的主要技术经济指标

1. 饲养规模

饲养规模包括年饲养量、年出栏量等。

2. 占地指标

占地指标包括总占地面积(hm²)、建(构)筑物占地面积(m²)、道路及运动场占地面积(m²)、绿化占地面积(m²)和其他用地面积(m²)。

3. 单位畜禽占地指标

单位畜禽占地指标指总占地面积与畜禽饲养量的比值。

4. 建筑密度(%)

建筑密度指建(构)筑物占地面积与总占地面积的百分比。

5. 绿化率(%)

绿化率指绿化占地面积与总占地面积的百分比。

6. 主要工程量

主要工程量指围墙长度(m)、排水沟长度(m)、大门个数(个)、土(石)方工程量(m³)。

专题二
畜禽舍的设计与建造

专题提示

畜禽舍的外墙、屋顶、门窗和地面构成了畜禽舍的外壳，称为畜禽舍的外围护结构。畜禽舍依靠外围护结构、不同程度地与外界隔绝，形成不同于舍外气候的畜禽舍小气候。畜禽舍小气候状况，不仅取决于外围护结构的保温隔热性能，还取决于畜禽舍的通风、采光、给排水等设计。可利用小气候调节设备来对畜禽舍环境进行人为控制。

I 畜禽舍的结构类型

一、敞棚式畜禽舍

敞棚式畜禽舍（图6）也称为开放式、凉棚或凉亭式畜禽舍，畜禽舍只有端墙或四面无墙。利用木材或钢构，形成支柱，屋顶用压型钢板、阳光板（聚碳酸酯中空板、玻璃卡普隆板、聚碳酸酯板）、瓦材以及其他轻质屋面材料。这类形式的畜禽舍充分利用自然条件，只能起到遮阳、避雨及部分挡风作用。

图6 敞棚式畜禽舍

敞棚式畜禽舍用材少，施工易，造价低，投产快。夏季易形成穿堂风，通风效果好，有害气体不蓄积，舍内空气新鲜，地面易干燥，多适用于炎热及温暖地区，也可以季节性使用。如简易开放型鸡舍、牛舍、羊舍，都属于这一类型。

敞棚式畜禽舍的缺点是只能提供遮光避雨功能，无法进行环境控制，不利于防兽害。鸟雀、老鼠都可以自由出入。

二、半开放式畜禽舍

半开放式畜禽舍(图7)指三面有墙，正面全部敞开或有半截墙的畜禽舍。通常敞开部分朝南，冬季可保证阳光照入舍内，而在夏季只照到屋顶。有墙部分则在冬季起挡风作用。这类畜禽舍的开敞部分在冬天可以附设卷帘、塑料薄膜、阳光板形成封闭状态，从而改善舍内小气候。半开放式畜禽舍应用地区较广，在北方一般使用垫草，增加抗寒能力。这种畜禽舍适用于养各种成年家畜，特别是耐寒的牛、马、绵羊等。

图7　半开放式畜禽舍

三、有窗式畜禽舍

有窗式畜禽舍(图8)指通过墙体、窗户、屋顶等围护结构形成全封闭状态的畜禽舍形式，具有较好的保温隔热能力，便于人工控制舍内环境条件。其通风换气、采光均主要依靠门、窗或通风管。它的一个特点是防寒较易，防暑较难，可以采用环境控制设施进行调控。另一特点是舍内温度分布不均匀，天棚和屋顶温度较高，地面温度较低，舍中央部位的温度较窗户和墙壁附近温度高。

由于这一特点，我们必须把热调节功能差、怕冷的初生仔畜尽量安置在畜禽舍中央过冬。在采用多层笼养方式育雏的育雏室内，把日龄较小、体重较轻的畜禽安置在上层，同时必须加强畜禽舍外围护结构的保温隔热设计，满足畜禽的要求。在我国各地，这种畜禽舍应用最为广泛。

图8　有窗式畜禽舍

四、卷帘式畜禽舍

卷帘式畜禽舍(图9)是一种简易实用舍，其特点是在畜禽舍长轴两侧开放无窗的基础上改进而成的，即在两侧的开放处加设活动卷帘，其开启与关闭通过蜗轮蜗杆式卷帘机手摇控制。卷帘分内外两层(南方只需一层)，可分别按上提式与卷上式安装，如内层按卷上式安装，向上卷即由下向上打开卷帘；外层则按上提式安装，由下向上提可逐渐遮住长廊，放下卷帘则由上向下打开卷帘，互相配合，冬季保温效果更好。春、秋季或早晚也可只关一层卷帘。卷帘用双覆膜塑料编织布制成，即在塑料编织布的两面皆覆以塑料薄膜形成的新型保温材料。质轻、柔软、抗拉力较强，可用3～5年，较为实用。双覆膜塑料编织布的透光率好，舍内光照强度平均可达100 lx。鸡舍、牛舍和羊舍都可以采用。

图9　卷帘式畜禽舍

五、密闭式畜禽舍

密闭式畜禽舍（图10）也称为无窗畜禽舍，是指畜禽舍内的环境条件完全靠人工调控。这种畜禽舍舍内环境容易控制，自动化、机械化程度高，省人工，生产效率高，特别在电能便宜的发达国家，劳动力昂贵，所以应用较多。我国则相反，电价高、廉价劳动力多，故密闭式畜禽舍较少。

图10 密闭式畜禽舍

六、畜禽舍样式的选择

畜禽舍样式的选择主要是根据当地的气候条件、畜禽种类及饲养阶段确定，在我国畜禽舍选择开放式较多，密闭式较少。一般热带气候区域选用完全开放式畜禽舍，寒带气候区域选择有窗开放式畜禽舍，夏季以防暑为主，冬季以防寒为主。畜禽舍样式选择可参考表7。

表7 中国畜禽舍建筑气候分区

气候区域	1月平均气温(℃)	7月平均气温(℃)	平均湿度(％)	建筑要求	畜禽舍种类
Ⅰ区	−30 ~ −10	5 ~ 26	—	防寒、保温、供暖	有窗式或密闭式
Ⅱ区	−10 ~ −5	17 ~ 29	50 ~ 70	冬季保温、夏季通风	有窗式、密闭式或半开放式
Ⅲ区	−2 ~ 11	27 ~ 30	70 ~ 87	夏季降温、通风防潮	有窗式、半开放式或敞棚式
Ⅳ区	10以上	27以上	75 ~ 80	夏季防暑降温、通风、隔热遮阳	有窗式、半开放式或敞棚式

气候区域	1月平均气温(℃)	7月平均气温(℃)	平均湿度(%)	建筑要求	畜禽舍种类
V区	5以上	18～28	70～80	冬暖夏凉	有窗式、半开放式或敞棚式
VI区	5～20	6～18	60	防寒	有窗式或密闭式
VII区	-6～29	6～26	30～55	防寒	有窗式或密闭式

II 畜禽舍地面与外围护结构

一、地面

畜禽舍地面的基本要求：①坚实、致密、平坦、有弹性、不硬、不滑。②有利于消毒排污。③保温、不冷、不渗水、不潮湿。④经济适用。当前畜禽舍建筑中，很难有一种材料能满足上述诸要求，因此与畜禽舍地面有关的家畜肢蹄病、乳腺炎及感冒等疾病比较难以克服。常用地面的特性评定如表8。

表8 几种常用畜禽舍地面的评定计分方法

地面种类	坚实性	不透水性	不导热性	柔软程度	防滑程度	可消毒程度	总分
夯实土地面	1	2	3	5	4	1	15
夯实黏土地面	1	2	3	5	4	1	16
黏土碎土地面	2	3	3	4	4	1	16
石地面	4	4	1	2	3	3	17
砖地面	4	4	3	3	4	3	21
混凝土地面	5	5	1	2	2	5	20
木地面	3	4	5	4	3	3	22

地面种类	坚实性	不透水性	不导热性	柔软程度	不滑程度	可消毒程度	总分
沥青地面	5	5	2	3	5	5	25
炉渣地面	5	5	4	4	5	5	28

图 11 是几种地面的一般做法。

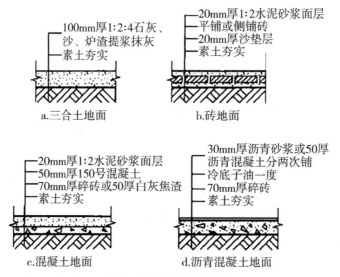

图 11　几种地面的一般做法

选择畜禽舍地面必须从下列三方面考虑：①畜禽舍不同部位采用不同材料的地面，如畜床部采用三合土、木板，而通道采用混凝土。②采用特殊的构造，即地面的不同层次用不同材料，取长补短，达到良好的效果。③铺设厩垫，在畜床部位铺设橡皮或塑料厩垫可用于改善地面状况，并收到良好效果。铺木板、铺垫草也可视为厩垫。

二、基础和地基

1. 基础

（1）影响基础埋深的因素　影响基础埋深的主要因素有很多，主要有以下几点：

1）地基土层构造的影响　在接近地表面的土层内，常带有大量植物根茎的腐殖质或垃圾等，不宜选作地基。基础底面应尽量选在常年未经扰动而且坚实平坦的土层或岩石上（俗称老土层）。

2）地下水位的影响　由于地下水位的上升和下降会影响建筑物的沉降，一般情况下为避免地下水位的变化影响地基承载力和减少基础施工的困难，应将基础埋在最高地下水位以上。在地下水位较高的地区，宜将基础埋在当地的最低地下水位以下 200mm。图 12a 表示了基础埋深与地下水位的关系。

　　3）冰冻深度的影响　冻结土与非冻结土的分界线称为冰冻线。冻结土的厚度即冰冻线至地表的垂直距离，称为冰冻深度。各地气候不同，低温持续时间不同，冰冻深度也不相同。如哈尔滨地区为 2m，北京地区为 0.8～1.0m，武汉地区基本上无冻结土。

　　地基土冻结和解冻的过程会对建筑物产生不良影响。冻胀时，将使建筑物向上拱起；解冻后，基础又下沉，使建筑物反复变形甚至遭到破坏。一般要求基础埋置在冰冻线以下 200mm。图 12b 表示了基础埋深与冰冻线的关系。

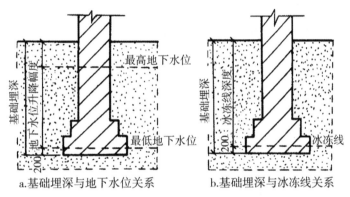

a.基础埋深与地下水位关系　　b.基础埋深与冰冻线关系

图 12　基础埋深与地下水位和冰冻线的关系（mm）

　　4）相邻建筑物基础的影响　为保证相邻建筑物的安全和正常使用，新建建筑物的基础不宜深于相邻建筑物的基础。当新建基础深于相邻基础时，两基础之间的水平距离（L）一般应控制在两基础底面高差（H）的 1～2 倍。图 13 表示了基础埋深与相邻基础的关系。

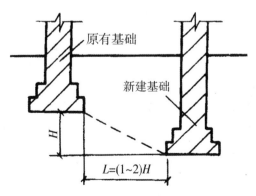

图 13　基础埋深与相邻基础的关系

（2）常用的基础形式

1）砖基础　主要用普通黏土砖砌筑，具有造价低、制作方便的优点，但取土烧砖不利于保护土地资源，目前一些地区已禁止采用黏土砖，可发展各种工业废渣砖和砌块来代替。由于砖的强度和耐久性较差，所以砖基础多用于地基土质好、地下水位较低的多层砖混结构建筑。

2）灰土和三合土基础　为了节约材料，在地下水位较低的地区，常在砖基础下做灰土或三合土垫层。灰土基础是由粉状的石灰与松散的粉土按3：7或4：6的体积比加适量水拌和而成，三合土是指石灰、沙、骨料（碎砖、碎石或矿渣）按1：3：6或1：2：4体积比加水拌和夯实而成。三合土基础在我国南方地区应用广泛，适用于4层以下建筑。由于灰土和三合土的抗冻性、耐水性很差，故灰土基础和三合土基础应埋在地下水位以上，顶面应在冰冻线以下。灰土基础的主要优点是经济、实用，适用于地下水位低、地基条件较好的地区。

3）毛石基础　由石材和砂浆砌筑而成，石材抗压强度高，抗冻、耐水和耐腐蚀性都较好，砂浆也是耐水材料，所以毛石基础常用于受地下水侵蚀和冰冻作用的多层民用建筑，适用于盛产石头的山区。

4）混凝土基础　具有坚固耐久、可塑性强、耐腐蚀、耐水、刚性角较大等特点，可用于地下水位较高和有冰冻作用的地方。

（3）常用的基础构造形式

1）条形基础　基础沿墙身设置成连续的长条形叫条形基础，也叫带形基础。当地基条件较好、基础埋深较浅时，墙体承重的建筑多采用条形基础。如图14，条形基础常采用砖、石、混凝土等材料建造。当地基承载力较小、荷载较大时，承重墙下也可采用钢筋混凝土条形基础。

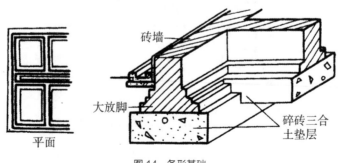

平面

图14　条形基础

18

2）独立式基础　独立式基础呈独立的块状，形式有台阶形、锥形、杯形等。如图 15，独立式基础主要用于柱下，故框架结构和单层排架及门架结构的建筑常采用独立基础。

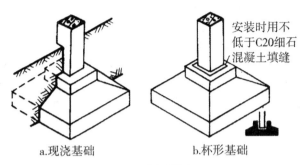

a.现浇基础　　　　b.杯形基础

图 15　独立式基础

2. 地基

地基是基础下面承受荷载的土层，有天然地基和人工地基之分。

总荷载较小的简易畜禽舍或小型畜禽舍可直接建在天然地基上，可做畜禽舍天然地基的土层必须具备足够的承重能力，足够的厚度，且组成一致、压缩性（下沉度）小而匀（不超过 3cm）、抗冲刷力强、膨胀性小、地下水位在 2m 以下，且无侵蚀作用。

常用的天然地基有沙砾、碎石、岩性土层等，有足够厚度且不受地下水冲刷的沙质土层是良好的天然地基。黏土、黄土含水多时压缩性很大，且冬季膨胀性也大，如不能保证干燥，不适于做天然地基。富含植物有机质的土层、填土也不适用。

土层在施工前经过人工处理加固的称为人工地基，畜禽舍一般应尽量选用天然地基。为了选准地基，在建筑畜禽舍之前，应确切地掌握有关土层的组成情况、厚度及地下水位等资料，只有这样，才能保证选择的正确性。

三、墙

1. 定义

墙是基础以上露出地面的、将畜禽舍与外部空间隔开的外围护结构，是畜禽舍的主要结构。以砖墙为例，墙的重量占畜禽舍建筑物总重量的 40%～65%，造价占总造价的 30%～40%。墙一般负有承载屋顶重量的作用。冬季通过墙散失的热量占整个畜禽舍总散失热量的 35%～40%。舍内的湿度、通风、采光也要通过墙上的窗户来调节，因此，墙对畜禽舍内温湿状况的保持和畜禽舍稳定性起着重要作用。墙体及其附属结构如图16所示。

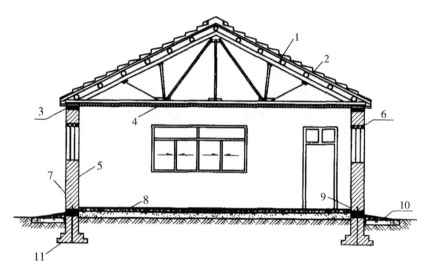

图 16　墙体及其附属结构

1. 屋架　2. 屋面　3. 圈梁　4. 吊顶　5. 墙裙　6. 钢筋砖过梁
7. 勒角　8. 地面　9. 踢脚　10. 散水　11. 地基

2. 分类

墙体必须具备坚固、耐久、抗震、耐水、防火、抗冻、结构简单、便于清扫和消毒等特点，同时应有良好的保温与隔热性能。墙体的保温、隔热能力取决于所采用的建筑材料的特性与厚度。尽可能选用隔热性能好的材料，保证最好的隔热效果，是最有利的经济措施。受潮不仅可使墙的导热加快，造成舍内潮湿，而且会影响墙体寿命，所以必须对墙采取严格的防潮、防水措施。

防潮措施有：①用防水好且耐久的材料做外抹面以保护墙面不受雨雪的侵蚀。②沿外墙四周做好散水或排水沟。③墙内表面一般用白灰水泥砂浆粉刷，墙裙高 1.0～1.5m。④生活办公用房踢脚高 0.15m，散水宽 0.6～0.8m，相对坡度2％，勒脚高约0.5m。这些措施对于加强墙的坚固性，防止水汽渗入墙体，提高墙的保温性均有重要意义。

常用的墙体材料主要有砖、石、土、混凝土等。在畜禽舍建筑中，也有采用双层金属板中间夹聚苯板或岩棉等保温材料的复合板块作为墙体的，效果较好。

根据外墙的设置情况，畜禽舍的样式可分为：敞棚（凉亭）式、半开放式、有窗式和无窗式。

四、屋顶和天棚

1. 屋顶

屋顶形式种类繁多，在畜禽舍建筑中常用的有以下几种（图17）：

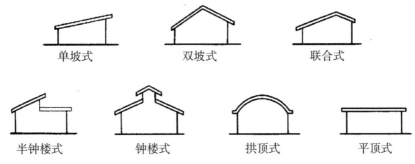

单坡式　　双坡式　　联合式

半钟楼式　　钟楼式　　拱顶式　　平顶式

图17　不同屋顶形式的畜禽舍样式

2. 天棚

天棚必须具备保温、隔热、不透水、不透气、坚固、耐久、防潮、耐火、光滑、结构轻便、简单的特点。无论在寒冷的北方或炎热的南方，在天棚上铺设足够厚度的保温层（或隔热层），是天棚起到保温隔热作用的关键，而结构严密（不透水、不透气）是保温隔热的重要保证。可是，这两个问题在实践中往往被人忽视。

常用的天棚材料有胶合板、矿棉吸音板等，在农村常常可见到草泥、芦苇、草席等简易天棚。畜禽舍内的高度通常以净高表示。净高指舍内地面至天棚的高，无天棚时指室内地面至屋架下弦的高，也叫檩下高。在寒冷地区，适当降低净高有利保温；而在炎热地区，加大净高则是加强通风、缓和高温影响的有力措施。

五、门和窗

1. 门（畜禽舍门）

畜禽舍内专供人出入的门一般高度为2.0～2.4m，宽度0.9～1.0m；供人、畜、手推车出入的门一般高2.0～2.4m，宽1.4～2.0m；供牛自动饲喂车通过的门高度和宽度均3.2～4.0m。供家畜出入的圈栏门取决于隔栏高度，宽度一般为：猪0.6～0.8m；牛、马1.2～1.5m；羊小群饲养为0.8～1.2m，大群饲养为2.5～3.0m；鸡为0.25～0.30m。门的位置可根据畜禽舍的长度和跨度确定，一般设在两端墙和纵墙上，若畜禽舍在纵墙上设门，最好设在向阳背风的一侧。

在寒冷地区为加强门的保温，通常设门斗以防冷空气直接侵入，并可缓和舍内热能的外流。门斗的深度应不小于 2m，宽度应比门大 1.0～1.2m。

畜禽舍门应向外开，门上不应有尖锐突出物，不应有门槛、台阶。但为了防止雨雪水淌入舍内，畜禽舍地面应高出舍外 20～30cm。舍内外以坡道相联系。

2. 窗（畜禽舍窗户）

窗户有木窗、钢窗、塑钢窗和铝合金窗，形式多为推拉窗，也可用外开平开窗、悬窗。由于窗户多设在墙或屋顶上，是墙与屋顶失热的重要部分，因此窗的面积、位置、形状和数量等，应根据不同的气候条件和畜禽的要求，合理进行设计。考虑到采光、通风与保温的矛盾，在寒冷地区窗的设置必须统筹兼顾。一般原则是：在保证采光系数要求的前提下尽量少设窗户，以能保证夏季通风为宜。有的畜禽舍采用一种导热系数小的透明、半透明的材料做屋顶或屋顶的一部分（如阳光板），这就解决了采光与保温的矛盾，但这种结构的使用还有待深入研究。在畜禽舍建筑中也有采用密闭畜禽舍，即无窗畜禽舍，目的是为了更有效地控制畜禽舍环境，但前提是必须保证可靠的人工照明和可靠的通风换气系统，要有充足可靠的电源。

依靠窗通风的有窗舍，最好使用小单扇 180°立旋窗，一者防止了因风向偏离畜禽舍长轴时，外开窗对通风的遮挡，二者窗扇本身即为导风板，减少了舍内涡风区，提高了通风效果。

III 畜禽舍的建筑设计

一、影响畜禽舍建筑尺寸的参数

1. 畜群大小及占栏（笼）面积标准（饲养密度）

猪的饲养密度因猪的用途、年龄、猪舍形式以及饲养工艺等而异，见表 9。

表 9　国内猪场猪栏常用面积

猪别		猪栏面积 （m²/头）	每圈饲养数 （头）	饲槽长度 （cm/头）	饲槽宽度 （cm）
种公猪		6～8	1	50	35～45
母猪	空怀及孕前期	2～3	4	35～40	35～40
	怀孕后期	4～6	1～2	40～50	35～40
	带仔	5～8	1	40～50	30～40
后备公母猪		1.5～2	2～4	30～35	30～35
育成猪		0.7～0.9	10左右	30～35	30～35
育肥猪		1～1.2	10左右	35～40	35～40

奶牛在散放饲养时，成年母牛每头占舍内面积 5～6m²。拴系饲养时，牛床的尺寸如表 10。

表 10　牛床的尺寸

牛别	长（m）	宽（m）
种公牛	2.2	1.5
成年母牛	1.7～1.9	1.2
6 月龄以上青年牛	1.4～1.5	0.8～1.0
临产母牛	2.2	1.5
产房	3.0	2.0
0～2 月龄犊牛	1.3～1.5	1.1～1.2
役牛和育肥牛	1.7～1.9	1.1～1.25

肉牛一般采用散放饲养方式，牛可随意走动和出入。种公牛和种母牛一般

仍拴系饲养。

肉用繁殖母牛若在产犊间产犊，产犊间可按每 12 头母牛一个栏位设计。肉牛用的饲槽与饮水器设计参数为：

饲槽采食面（cm^2/头）：限食时，成母牛 60 ~ 76，育肥牛 56 ~ 71，犊牛 46 ~ 56；自由采食时，粗饲料槽 15 ~ 20，精饲料槽 10 ~ 15。

饮水器：自动饮水器每 50 ~ 75 头一个。

马的饲养密度因其用途与经济价值的不同而有所差别。马的圈养方式通常分个体单间饲养和拴系饲养两种，其密度参数列表 11。

表 11　马厩建筑与设备参数

项目		参数（m）
单圈面积	2 岁以内马驹	3×3
	成年母马、骟马	3.7×3.7
	公马	4.3×4.3
拴系马厩面积	2 岁以内马驹	1.5×2.7
	成年母马	1.5×(2.7 ~ 3.7)
	公马	
天棚高	马	2.4
	马及骑乘者	3.7
走廊宽度		2.4 以上
门	单马间	1.2×2.4
	马厩走廊大门（马加骑乘者）	3.7×3.7

羊的饲养密度与羊舍建筑参数见表 12。

表 12　羊舍建筑及设备参数

		公羊 （80～136kg）	母羊 （68～91kg）	带羔母羊 （羔羊2.3～14kg）	育肥羔羊 （14～50kg）
羊舍地面 （m²/只）	实地面	1.9～2.8	1.10～1.50	1.4～1.9 0.14～0.19	0.74～0.93
	漏缝地板	1.3～1.9	0.74～0.93	0.93～1.1 （羔羊补饲用）	0.37～0.46
露天场地 面(m²/只)	土地面	2.3～3.7	2.3～3.7	2.9～4.6	1.9～2.6
	铺砌地面	1.5	1.5	1.9	0.93
饲槽长度 （mm/只）	限食	305	406～508	406～508 羔羊，51/只	228～308
	自由采食	152	102～152	152～203	25～50
饮水器 （只/m）	水槽	6	645～75	45～75	75～120
	自动饮 水器	30	120～150	120～150	150～225

　　注：①产羔率超过170%，每只羊占地面积增加0.46m²。②每只羊占饲槽长度取决于羊体大小、有无角、品种、妊娠阶段、每天喂饲次数及饲料质量。③在寒冷地区应考虑防冻。

　　家禽由于品种、体型及饲养管理方式的不同，饲养密度差异很大。故在确定密度时应灵活应用，切忌生搬硬套，表13的数据可供参考。

表 13　禽舍及设备参数

项目		参数	
蛋鸡		轻型种	重型种
地面面积（m²/只）	地面平养	0.12～0.23	0.14～0.24
	笼养	0.02～0.07	0.03～0.09
饲槽（mm/只）		75	100
饮水槽（mm/只）		19	25
产蛋箱（只/个）		4～5	4～5

项目		参数		
肉仔鸡及后备母鸡		0~4周龄	4~10周龄	10~20周龄
地面面积(m²/只)	开放舍	0.05	0.08	0.19
	环控舍	0.05	0.07	0.12
饲槽(mm/只)		25	50	100
饮水槽(mm/只)		5	10	25
火鸡		种火鸡		生长火鸡
地面面积(m²/只)	开放舍	0.7~0.9		0.6
	环控舍	0.5~0.7		0.4
栖架(mm/只)		300~375		300~375
产蛋箱(只/个)		20~25		
饲槽(mm/只)		100		100
饮水器(只/个)		100		100

2. 采食和饮水宽度标准

各类畜禽的采食宽度,参看表14。

表14 各类畜禽的采食宽度

畜禽类别及饲养方式			采食宽度(cm/头)
牛	拴系饲养	3~6月龄犊牛	30~50
		青年牛	60~100
		泌乳牛	110~125
	散放饲养牛	成牛	50~60

畜禽类别及饲养方式		采食宽度（cm/头）
猪	20～30kg	18～22
	30～50kg	22～27
	50～100kg	27～35
	群饲，自动饲槽，自由采食	10
	成年母猪	35～40
	成年公猪	35～45
蛋鸡	0～4周龄	2.5
	5～10周龄	5
	11～20周龄	7.5～10
	20周龄以上	12～14
肉鸡	0～3周龄	3
	4～8周龄	8
	9～16周龄	12
	17～22周龄	15
	产蛋母鸡	15

确定了畜禽采食宽度，可进而根据每圈饲养头数，计算出每圈的宽度。

3. 通道设置

标准畜禽舍沿长轴纵向布置畜栏时，纵向管理通道可参考表15确定宽度。

表 15　畜禽舍纵向通道宽度

舍别	用途	使用工具及操作特点	宽度(cm)
牛舍	饲喂	用手工或推车饲喂精饲料、粗饲料、青饲料	120～140
	清粪及管理	手推车清粪，放奶桶。放洗奶房的水桶等	140～180
猪舍	饲喂	手推车喂料	100～120
	清粪及管理	清粪(幼猪舍窄，成年猪舍宽)、助产等	100～150
鸡舍	饲喂、捡蛋	用特制推车送料，用通用车盘捡蛋笼养	80～90
	清粪、管理	平养	100～120

较长的双列式或多列式畜禽舍，每隔30～40m沿跨度方向设横向通道，其宽度一般为1.5m，马舍、牛舍为1.8～2.0m。

4. 畜禽舍的高度标准

畜禽舍高度的确定，主要取决于自然采光和通风的要求，同时考虑当地气候条件和畜禽舍的跨度。寒冷地区，畜禽舍的柁下(檐下)高度一般以2.2～2.47m为宜，跨度9.0m以上的畜禽舍可适当加高。炎热地区为有利通风，畜禽舍不宜过低，一般以2.7～3.3m为适宜。

畜禽舍门的设计根据畜禽舍的种类、门的用途等决定其尺寸。专供人出入的门，一般高2.0～2.4m，宽0.9～1.0m；人、畜共用的门，一般高2.0～2.4m，宽1.2～2.0m。供家畜出入的圈栏门，高度取决于隔栏的高度，宽度一般为：猪0.6～0.8m，牛、马1.2～1.5m，鸡0.25～0.30m。

畜禽舍窗的高低、大小、形状等，按畜禽舍的采光、通风设计要求决定。

畜禽舍内的地面应比舍外地面高30cm，场地低洼时提高到45～60cm。畜禽舍供畜、车出入的大门，门前不设台阶而设15%以下的坡道。畜床应向排水沟呈2%～3%坡度，地面(包括通道)亦应有0.5%～1.0%坡度。

饲槽、水槽、饮水器及畜栏高度，因畜种品种、年龄而不同。鸡的饲槽和水槽的上缘高度与鸡背同高；猪、牛的饲槽和水槽底可与地面同高或稍高于地面；猪饮水器距地面高度，仔猪10～15cm，育成猪25～35cm，育肥猪30～40cm，成年猪45～55cm，成年公猪50～60cm，如饮水器与地面水平成45°～60°，则距地面高10～15cm，可供各种年龄的猪使用。平养成年鸡舍隔栏高度不低于 2.5m；猪栏高度：哺乳仔猪 0.4～0.5m，育成猪 0.6～0.8m，育肥猪 0.8～1.0m，空怀母猪 1.0～1.1m，孕后期及哺乳母猪 0.8～1.0m，公猪 1.1～1.3m，成年母牛舍隔栏高 1.3～1.5m。

二、圈栏的排列方式

1. 大圈式圈栏

整栋房子就是一个大圈，不设置专门的走道，舍内面积利用率高。管理畜禽时，饲养人员要进入大圈内，操作不便，不利于防疫和机械化、信息化养殖。

2. 单列式圈栏

一般圈栏在舍内南侧排成一列（图 18），猪舍内北侧设走道或不设走道。

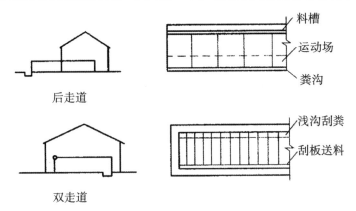

图 18　单列式圈栏

3. 双列式圈栏

双列式在舍内将圈栏排成两列，中间设一个通道，一般舍外不设运动场（图19）。

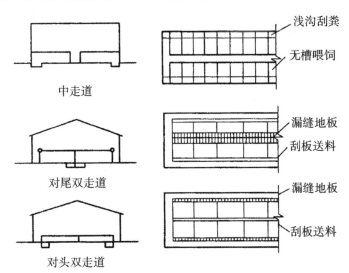

图 19　双列式圈栏

4. 多列式圈栏

多列式舍内圈栏排列在三排以上，一般以四排居多（图 20）。

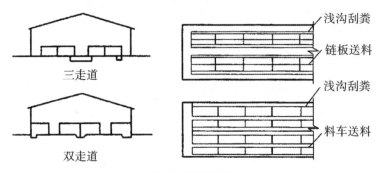

图 20 多列式圈栏

5. 单元组合式畜禽舍

每个单元内部按单列式、双列式或多列式圈栏布置，头对头或尾对尾（图 21）。

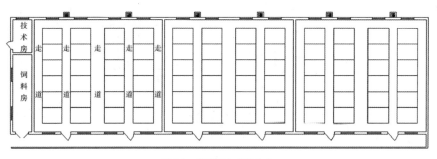

图 21 单元组合式畜禽舍

IV 畜禽舍的环境控制设计

一、温度控制

畜禽舍空气温度状况取决于舍内热量的来源和散失情况。

表 16 所列的是一部分试验材料所推荐的数据，可作为参考，表中的"最适温度"是最理想的温度。一般畜禽舍要维持这样的温度是困难的，所以都以"适宜温度"为标准。

表 16　畜禽所要求的适宜温度

类别	体重(kg)	适宜温度(℃)	最适温度(℃)
怀孕母猪		11 ~ 15	
分娩母猪		15 ~ 20	17
带仔母猪		15 ~ 17	
初生仔猪		27 ~ 32	29
哺乳仔猪	4 ~ 23	20 ~ 24	
后备猪	23 ~ 57	17 ~ 20	
育肥猪	55 ~ 100	15 ~ 17	
乳用母牛		5 ~ 21	10 ~ 15
乳用犊牛		10 ~ 24	17
肉牛		5 ~ 21	10 ~ 15
小阉牛		5 ~ 21	10 ~ 15
成年马		7 ~ 24	13
马驹		24 ~ 27	
母绵羊		7 ~ 24	13
初生羔羊		24 ~ 27	
哺乳羔羊		5 ~ 21	10 ~ 15
蛋用母鸡		10 ~ 24	13 ~ 20
肉用仔鸡		21 ~ 27	24

二、湿度控制

畜禽舍湿度是影响畜禽生长的一个重要环境指标，在生产中常用相对湿度来衡量。相对湿度是指空气中实际水汽压与同温度下饱和水汽压之比，用百分率来表示。

各类畜禽适宜的相对湿度列于表 17。

表 17　畜禽适宜的相对湿度参数

类别	牛	绵羊	猪	马	禽
适宜相对湿度(%)	50～75	50～75	60～85	50～75	50～75

三、采光控制

舍内光照可分自然光照和人工光照。除无窗畜禽舍必须用人工光照外，其他形式的畜禽舍均为自然光照，或以自然光照为主、人工光照为辅。

表 18 给出了畜禽舍适宜的光照度。光照度的控制可采用灯具槽间分组布局，分别设开关，全部或部分开灯进行控制，也可用可调压器调节灯光的强度控制光照度。光照时间的控制主要用于养禽业，通过光照时数的调节控制家禽的生长发育和产蛋率。

表 18　畜禽舍适宜的光照度（lx）

畜禽舍类别	奶牛舍、育成牛舍	育肥牛舍	犊牛舍、产仔舍	猪舍	羊舍	雏鸡舍（周龄）	成鸡舍、蛋鸡舍
光照度	50～70	20～30	75～100	30～50	80～100	20～25	5～10

四、通风控制

在建筑合理的密闭式有窗畜禽舍内，距地板 0.5m 高处的气流速度，冬季变动在 0.1～0.3m/s，夏季打开门窗时可达 3m/s。机械通风畜禽舍的气流方向、速度及分布状况，主要取决于风机的功率和数量，进排风口的大小、形状及位置或进排风管的尺寸、形状和制作材料等。在任何季节都需保持畜禽舍的适当通风，但在冬季应控制通风量，畜禽体周围的风速不应超过 0.2m/s，并注意防止冷空气直接吹向畜禽体。

V 畜禽舍的水、电设计

一、给水设计

1. 用水量估算

养殖场用水包括生活用水、生产用水及消防和灌溉等其他用水。

（1）生活用水　指平均每一职工每日所消耗的水，包括饮用、洗衣、洗澡及卫生用水，其水质要求较高，要满足各项标准。用水量因生活水平、卫生设备、季节与气候等而不同，一般可按每人每日 40～60L 计算。

（2）生产用水　包括畜禽饮用、饲料调制、畜禽体清洁、饲槽与用具刷洗、畜禽舍清扫等所消耗的水。各种畜禽的需水量参见表 19、表 20。采用水冲清粪系统时清粪耗水量大，一般按生产用水 120% 计算。新建场不提倡水冲清粪方式。

表 19　各种畜禽的每日需水量 [L/（d·头）]

畜禽类别		需水量	畜禽类别		需水量
牛	泌乳牛	80～100	羊	成年绵羊	10
	公牛及后备牛	40～60		羔羊	3
	犊牛	20～30	马	成年母马	45～60
	肉牛	45		种公马	70
猪	哺乳母猪	30～60		1.5 岁以下马驹	45
	公猪、空怀及妊娠母猪	20～30		鸡、火鸡*	1
	断奶仔猪	5		鸭、鹅*	1.25
	育成育肥猪	10～15		兔	3

注：* 雏禽用水量减半。

表 20 放牧家畜需水量 [L/（d·头）]

家畜种类	在场旁草地放牧	在草原上放牧	
		夏季	冬季
牛	30 ~ 60	30 ~ 60	25 ~ 35
羊	3 ~ 8	2.5 ~ 6	1 ~ 3
马	30 ~ 60	25 ~ 50	20 ~ 35
驼	60 ~ 80	50	40

（3）其他用水 其他用水包括消防、灌溉、不可预见等用水。消防用水是一种突发用水，可利用养殖场内外的江、河、湖、塘等水面，也可停止其他用水，保证消防用水。绿地灌溉用水可以利用经过处理后的污水，在管道计算时也可不考虑。不可预见用水包括给水系统损失、新建项目用水等，可按总用水量的 10%～ 15%考虑。

（4）总水量估算 总用水量为上述用水量总和，但用水量并非是均衡的，在每个季度、每天的各个时间内都有变化。夏季用水量远比冬季多，上班后清洁畜禽舍与畜禽体时用水量骤增，夜间用水量很少。因此，为了保证充分地用水，在计算养殖场用水量及设计给水设施时，必须按单位时间内最大用水量来计算。

2. 水质标准

水质标准中目前尚无畜用标准，可以按《生活饮用水卫生标准》（GB 5749—2006）执行。或者参照《无公害食品 畜禽饮用水水质》（NY 5027—2008）执行。表 21 为畜禽饮用水水质安全指标。

表 21　畜禽饮用水水质安全指标

项目		标准值	
		畜	禽
感官性状及一般化学指标	色度	≤ 30°	
	浑浊度	≤ 20°	
	臭味	不得有异臭、异味	
	总硬度（以 $CaCO_3$ 计），mg/L	≤ 1 500	
	pH	5.5 ~ 9.0	6.5 ~ 8.5
	溶解性总固体，mg/L	≤ 4 000	≤ 2 000
	硫酸盐（以 SO_4^{2-} 计），mg/L	≤ 500	≤ 250
细菌学指标	总大肠菌群，MPN/100mL	成年畜 100，幼畜和禽 10	
毒理学指标	氟化物（以 F^- 计），mg/L	≤ 2.0	≤ 2.0
	氰化物，mg/L	≤ 0.20	≤ 0.05
	砷，mg/L	≤ 0.20	≤ 0.20
	汞，mg/L	≤ 0.01	≤ 0.001
	铅，mg/L	≤ 0.10	≤ 0.10
	铬（六价），mg/L	≤ 0.10	≤ 0.05
	镉，mg/L	≤ 0.05	≤ 0.01
	硝酸盐（以 N 计），mg/L	≤ 10.0	≤ 3.0

3. 管网布置

给水管道的布置应包括整个场区的给水干管以及各栋舍的支管及接入管，

见表 22。

表22　给水管与其他管线及建构筑物之间的最小净距（m）

建(构)筑物或管线名称	给水管线	
	最小水平净距	最小垂直净距
建筑物	$D \leqslant 200mm$　1.0 $D > 200mm$　3.0	
污水、雨水排水管	$D \leqslant 200mm$　1.0 $D > 200mm$　1.5	0.40
给水管		0.15
燃气管	0.5	0.15
热力管	1.5	0.15
电力电缆	0.5	0.15
电信电缆	1.0	直埋 0.50 管沟 0.15
乔(灌)木中心	1.5	
通信照明地上杆柱＜10kV	0.5	
0.5	1.5	

二、排水设计

1. 排水系统的组成

（1）管道系统　包括集流场区的各种污废水和雨水管道及管道系统上的附属构筑物。管道包括接出管、小区支管、小区干管；管道系统上的附属构筑物种类较多，主要包括检查井、雨水口、溢流井、跌水井等。

（2）污废水处理设备构筑物　场区排水系统污废水处理构筑：在与城镇排水连接处有化粪池，在食堂排出管处有隔油池，在锅炉排污管处有降温池等简单处理的构筑物。

（3）排水泵站　如果小区地势低洼，排水困难，应视具体情况设置排水泵站。

2. 排水分类

排水包括雨水、雪水、生活污水、生产污水（家畜粪污和清洗废水）。

3. 排水量估算

畜禽每天排出的粪尿数量很大，而且日常管理所产生的污水也很多。据统计，每头家畜一天的粪尿量与其体重之比，牛为 7%～9%，猪为 5%～9%，鸡为 10%；生产 1kg 牛奶所排出的污水约为 12kg，生产 1kg 猪肉所排出的污水约为 25kg。几种畜禽粪尿量见表 23，家禽污水排放量见表 24。因此，合理地设置畜禽舍排水系统，及时地清除这些污物与污水，是防止舍内潮湿、保持良好的空气卫生状况和畜禽卫生的重要措施。

表 23　几种主要畜禽的粪尿产量（鲜量）

种类	体重（kg）	每头（只）每日排泄量（kg）			平均每头（只）每年排泄量（t）		
		粪量	尿量	粪尿合计	粪量	尿量	粪尿合计
泌乳牛 成年牛 成牛 犊牛	500～600	30～50	15～25	45～75	14.6	7.3	21.9
	400～600	20～35	10～17	30～52	10.6	4.9	15.5
	200～300	10～20	5～10	15～30	5.5	2.7	8.2
	100～200	3～7	2～5	5～12	1.8	1.3	3.1
泌乳牛 空怀、妊娠母猪 哺乳母猪 培育仔猪 育成猪 育肥猪	200～300	2.0～3.0	4.0～7.0	6.0～10.0	0.9	2.0	2.9
	160～300	2.1～2.8	4.0～7.0	6.1～9.8	0.9	2.0	2.9
	—	2.5～4.2	4.0～7.0	6.5～11.2	1.2	2.0	3.2
	30	1.1～1.6	1.0～3.0	2.1～4.6	0.5	0.7	1.2
	60	1.9～2.7	2.0～5.0	3.9～7.7	0.8	1.3	2.1
	90	2.3～3.2	3.0～7.0	5.3～10.2	1.0	1.8	2.8
产蛋鸡 肉用仔鸡	1.4～1.8	0.14～0.16 0.13			55kg 到 10 周龄 9.0kg		

表 24　家畜污水排放量

家畜种类	污水排放量[L/（头·d）]
成年牛	15 ~ 20
青年牛	7 ~ 9
犊牛	4 ~ 6
种公牛	5 ~ 9
带仔母猪	8 ~ 14
后备猪	2.5 ~ 4
育肥猪	3 ~ 9

一个年出栏万头规模的猪场，水冲清粪方式排污水量为 $150 \sim 200 m^3/d$，水泡清粪方式为 $100 \sim 120 m^3/d$，人工清粪方式为 $50 \sim 60 m^3/d$。因此，畜禽舍的排水系统应根据清粪方式而设计。

4. 排水管道的布置与敷设

（1）污水管道的布置与敷设　场区内污水管道布置的程序一般按干管、支管、接入管的顺序进行，布置干管时应考虑支管接入位置，布置支管时应考虑接入管的接入位置。

敷设污水管道，要注意在安装和检修管道时，不应互相影响；管道损坏时，管内污水不得冲刷或侵蚀建筑物以及构筑物的基础和污染生活饮用水管道；管道不得因机械振动而被破坏，也不得因气温低而使管内水流冰冻；污水管道及合流制管道与给水管道交叉时，应敷设在给水管道下面。

污水管材应根据污水性质、成分、温度、地下水侵蚀性，外部荷载、土壤情况和施工条件等因素，因地制宜就地取材。一般情况下，重力流排水管宜选用埋地塑料管、混凝土或钢筋混凝土管；排至场区污水处理装置的排水管宜采用塑料排水管；穿越管沟、道路等特殊地段或承压的管段可采用钢管或球墨铸铁管，若采用塑料管应外加金属套管（套管直径较塑料管外径大 200mm）；当排水温度大于40℃时应采用金属排水管；输送腐蚀性污水的管道可采用塑料管。

暗埋管沟排水系统如果超过 200m，中间应增设沉淀井，以免污物淤塞，影响排水。沉淀井不应设在运动场中或交通频繁的干道附近。沉淀井距供水水源至少应有 200m 的间距。暗埋管沟应埋在冻土层以下，以免因受冻而阻塞。

（2）小区雨水管道系统的布置　雨水口是收集地面雨水的构筑物，场区内雨水不能及时排出或低洼处形成积水往往是由于雨水口布置不当造成的。场区内雨水口的布置一般根据地形、建筑物和道路布置情况确定。在道路交汇处、畜禽舍出入口附近、畜禽舍雨水落管附近以及建筑物前后空地和绿地的低洼处设置雨水口。雨水口沿道路布置间距一般为 20 ~ 40m，雨水口连接管长度不超过 25m。

如采用方形明沟排水时，其最深处不应超过 30cm，沟底应有 1% ~ 2% 的坡度，上口宽 30 ~ 60cm。

（3）污水管道设计的几个参数

1）设计充满度　污水管道应按非满流计算，其最大充满度按表 25 确定。

表 25　场区排水管道最小管径、最小设计坡度和最大设计充满度

排水管道类别		管材	最小管径(mm)	最小设计坡度(‰)	最大设计充满度(‰)
污水管	接户管	埋地塑料管	160	0.005	0.50
		混凝土	150	0.007	
	支管	埋地塑料管	160	0.005	
		混凝土	200	0.004	0.55
	干管	埋地塑料管	200	0.003	
		混凝土	300	0.004	
合流	接户管	埋地塑料管	200	0.003	1
	支管				
	干管	混凝土	300	0.003	

2)设计流速　与设计流量、设计充满度相应的水流平均流速叫作设计流速；保证管道内不致发生淤积的流速叫作最小允许流速（或自清流速）；保证管道不被冲刷损坏的流速叫作最大允许流速。金属管最大流速为10m/s，非金属管最大流速为5m/s，污水管道在设计充满度下其最小设计流速为0.6m/s。

3)最小设计坡度和最小管径　相应于最小设计流速的坡度叫作最小设计坡度，即保证管道不发生淤积时的坡度。最小设计坡度不仅和流速有关，而且还与水力半径有关。

最小管径是从运行管理的角度考虑提出的。因为管径过小容易堵塞，小口径管道清通又困难，为了养护管理方便，做出了最小管径规定。如果按设计流量计算得出的管径小于最小管径，则采用最小管径的管道。

从管道内的水力性能分析，在小流量时增大管径并不有利。相同流量时，增大管径使流速减小，充满度降低，故最小管径规定应合适。根据上海等地的运行经验表明：污水管采用150mm的管径，按0.4%的相对坡度敷设，堵塞概率反而增加。故场区污水管道接入管的最小管径应为150mm，相应的最小坡度为0.7%。

4)污水管道的埋设深度　场区污水干管埋设在车行道下，管顶的覆土厚度不应小于0.7m，如果小于0.7m，应有防止管道受压损坏的措施。生产区内的污水支管和接入管一般埋设在道路或绿地下，管道的覆土厚度可酌情减少，但也不宜小于0.3m。污水管道的埋深还应考虑各栋畜禽舍的污水排出管能否顺利接入。在寒冷地区污水管的埋深还应考虑冰冻的影响，具体要求同场区室外排水管道设计。

（4）雨水管渠水力计算的设计数据

1)设计充满度　雨水中主要含有泥沙等无机物质，不同于污水的性质，并且暴雨径流量大，相应设计重现期的暴雨强度的降雨历时不会很长。

2)设计流速　为避免雨水所挟带泥沙沉积和堵塞管道，要求满流时管内最小流速大于或等于0.75m/s，明渠内最小流速应大于或等于0.40m/s。

3)最小设计坡度和最小管径　可按表26选取。

表 26   雨水管道的最小管径和横管的最小坡度

管别	最小管径(mm)	横管最小设计坡度(%)	
		铸铁管、钢管	塑料管
接入管	200（225）	0.005	0.003
支干管	300（315）	0.003	0.001 5
雨水口连接管	200（225）	0.01	0.01

注：表中铸铁管管径为公称直径，括号内数据为塑料管外径。

4）场区雨水利用   为了节约水资源，可将雨水收集后经混凝、沉淀、过滤等处理后予以直接利用，用作生活杂用水如冲厕、洗车、绿化、水景补水等，或将径流引入场区中水调蓄构筑物。在旱季，设备常处于闲置状态，其可行性和经济性略差，但对于严重缺水地区是可行的。

5. 养殖场常用的两种排水方式

（1）人工或机械清粪方式的排水

1）排尿沟   排尿沟用于接受畜禽舍地面流来的粪尿及污水，一般设在畜栏的后端，紧靠清粪道。排尿沟必须不透水，且能保证尿水顺利排走。排尿沟的形式一般为方形或半圆形。马舍宜用半圆形排尿沟，马蹄踏入时不易受伤。沟宽一般为 20cm，深 8 ～ 12cm。种马在单栏内饲养时，一般不设排尿沟。猪舍及犊牛舍用半圆形或方形排尿沟均可，沟宽 15 ～ 30cm，深 10cm。乳牛舍宜用方形排尿沟，也可用双重尿沟，如图 22 所示，牛舍排尿沟宽一般 40 ～ 80cm，明沟沟深不宜超过 25cm，因为沟深容易造成牛蹄部的损伤。排尿沟向沉淀池处要有 1.0% ～ 1.5% 的相对坡度。排尿沟应尽量建成明沟，利于清扫消毒。

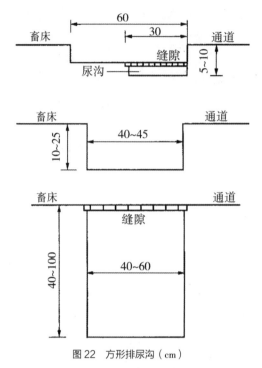

图22　方形排尿沟（cm）

2）沉淀池　在排尿沟与地下排水管的连接处要设一个低于排尿沟底的池子，以便使固体物质沉淀，防止管道堵塞，因此称为沉淀池（图23）。为了防止粪草落入堵塞，沉淀池上面应盖铁箅子。排尿沟一般每隔20～30m设1个沉淀池，沟底以1%～2%的相对坡度向沉淀池倾斜。舍内污水经沉淀池的地下排水管流向粪水池。

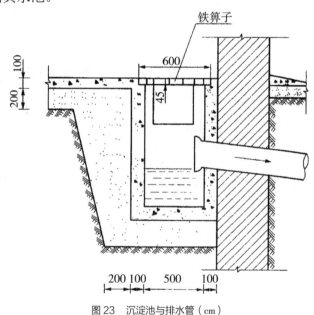

图23　沉淀池与排水管（cm）

3）地下排水管　　地下排水口与排水沟（管）呈垂直方向，排水口应比沉淀池底高 50～60cm，用于将沉淀池内经沉淀后的污水导入畜禽舍外的污水池中。因此地下排水管需向粪水池有 3％～5％的相对坡度。如果畜禽舍外墙至污水池的距离超过 5m，应在舍外设检查井，以便发生堵塞时疏导。在寒冷地区，对地下排出管的舍外部分及检查井需采取防冻措施，以免污水在其内结冰。

4）污水池　　应设在舍外地势较低的地方，且应在运动场相反的一侧。距畜禽舍外墙不小于 5m。粪水池一定要离开饮水井 100m 以外。需用不透水耐腐蚀的材料做成，以防污水渗入土壤造成污染。

（2）水冲或水泡清粪方式的排水

1）漏缝地板　　漏缝地板可用木板、硬质塑料、钢筋混凝土或金属等材料制成。在美国，木制漏缝地面占 50％，混凝土的占 32％，金属的占 18％。但木制漏缝地板很不卫生，且易于破损，使用年限不长；金属漏缝地面易遭腐蚀、生锈；混凝土漏缝地面经久耐用，便于清洗消毒，比较合适；塑料漏缝地面比金属漏缝地面抗腐蚀，易清洗，各种性能均较理想，只是造价高。

鸡舍漏缝地板大多占鸡舍地面面积的 2/3，漏缝地板距舍内地平 50～60cm，可用木条或竹条制作，缝宽 2.5cm，板条宽 40cm，制成多个单体，然后排列组合成一体，其余 1/3 地面铺垫草。这种养鸡工艺一般是一个饲养周期清粪（料）一次。猪、牛、羊等家畜的漏缝地板应考虑家畜肢蹄负重，地面缝隙和板条宽度应与其蹄表面积相适应，以减少对肢蹄的损伤。漏缝地面板条宽度和缝隙间的距离，因畜禽种类不同而异（表 27）。

表 27　一些畜禽的漏缝地板尺寸（mm）

畜禽种类		缝隙宽	板条宽
牛	10d 至 4 月龄	25～30	50
	5～8 月龄	35～40	80～100
	9 月龄以上	40～45	100～150
猪	哺乳仔猪	10	40
	育成猪	12	40～70

畜禽种类		缝隙宽	板条宽
猪	中猪	20	70~100
	育肥猪	25	70~100
	种猪	25	70~100
绵羊	羔羊	15~25	80~120
	育肥羊	20~25	100~120
	母羊	25	100~120
鸡	种鸡	25	40

2）粪沟　位于漏缝地面下方，与漏缝地面宽度相近的盛粪设施。一般宽 0.8～2m，其深度为 0.7～0.8m，向粪水池方向的相对坡度为 0.5%～1.0%。也可采用水泥盖板侧缝形式，即在地下粪沟上盖以混凝土预制平板，盖板稍高于粪沟边缘的地面，因而与粪沟边缘形成侧缝，家畜排的粪便，用水冲入粪沟。

3）粪水清除设施　漏缝地板清粪方式一般采用水冲或水泡和刮粪板清粪。

水冲或水泡清粪如图 24 所示，靠家畜把粪便踩踏下去，落入粪沟，在粪沟的一端设自动翻水箱，水箱水满时利用重心失衡自动翻转，水的冲力将粪水冲至粪水池中。在粪沟一端的底部设挡水坎，使粪沟内保持有一定深度的水（约15cm），漏下的粪便被浸泡变稀，随水溢过沟坎，流入粪水池；或粪沟里设活塞，当将活塞拔起时，稀粪流入粪水池，称水泡清粪。这种方法不需特殊设备，省工省时，简便易行，清粪效果较好。但用水量较大，使粪水的储存、处理和利用复杂化，也容易造成环境污染，应慎重选用。刮板清粪使用牵引式清粪机，拉拽位于粪尿沟内的刮板运行，将粪尿刮向畜禽舍一端的横向排粪沟。该工艺减少了用水量和粪尿总量，便于后期粪尿处理，但刮板、牵引机、牵拉钢丝绳易被粪尿严重腐蚀，缩短使用寿命，耗电较多，噪声也较大，维修不便。

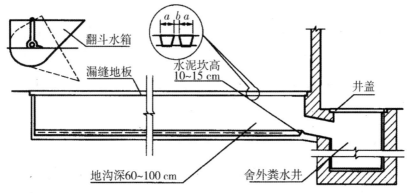

图 24　漏缝地板排水系统的一般模式

4）粪水池　分地下式、半地下式及地上式 3 种形式。不管哪种形式都必须防止渗漏，以免污染地下水源。此外实行水冲清粪不仅必须用污水泵，同时还需用专用罐车运载。而一旦有传染病或寄生虫病发生，如此大量的粪水无害化处理将成为一个难题。

许多国家环境保护法规规定，养殖场粪水不经无害化处理不允许任意排放施用，而粪水处理费用庞大。一些土地面积比较大的国家，常将粪水储存 7～9个月，粪水自然发酵，有害微生物被杀灭，到农田施肥季节，将储存的粪水加以利用，做到农牧良性循环。我国人均土地面积比较小，畜禽生产最好采用干清粪工艺，使养殖场的废弃物减量化、无害化、资源化。

三、电力设计

1. 基本要求

电力是经济、方便、清洁的能源，电力工程是养殖场不可缺少的基础设施。随着经济和技术的发展，信息在经济与社会各领域中的作用越来越重要，电信工程也成为现代养殖场的必需设施。电力与电信工程规划就是需要经济、安全、稳定、可靠的供配电系统和快捷、顺畅的通信系统，保证养殖场正常生产运营和与外界市场的紧密联系。

2. 供电系统

养殖场的供电系统由电源、输电线路、配电线路、用电设备构成。规划主要内容包括用电负荷估算、电源与电压选择、变配电所的容量与设置、输配电线路布置。

3. 用电量估算

养殖场用电负荷包括办公、职工宿舍、食堂等辅助建筑和场区照明以及饲料加工、孵化、清粪、挤奶、给排水、粪污处理等生产用电。照明用电量根据各类建筑照明用电定额和建筑面积计算，用电定额与普通民用建筑相同；生活电器用电根据电器设备额定容量之和，并考虑同时系数求得；生产用电根据生产中所使用的电力设备的额定容量之和，并考虑同时系数、需用系数求得。在规划初期可以根据已建的同类养殖场的用电情况来类比估算。

4. 电源和电压选择及变配电所的设置

养殖场应尽量利用周围已有的电源，若没有可利用的电源，需要远距离引入或自建。孵化厅、挤奶厅等地方不能停电，因此为了确保养殖场的用电安全，一般场内还需要自备发电机，防止外界电源中断使养殖场遭受巨大损失。养殖场的使用电压一般为 220V 或 380V，变电所或变压器的位置应尽量居于用电负荷中心，最大服务半径要小于 500m。

5. 输配电线路布置

10kV 供电系统宜采用环网方式；220V 或 380V 配电系统，宜采用放射式、树干式或是二者相结合的方式。宜留有发展的备用回路，重要的集中负荷宜由变电所设专线供电。供电系统的设计，应采用 TT、TN-S、TN-C-S 接地方式，并进行总等电位联结。每幢舍的总电源进线断路器，应能同时断开相线和中性线，应具有剩余电流动作保护功能。路灯的供电电源，宜由专用变压器或专用回路供电。供配电系统应考虑三相用电负荷平衡。每栋舍应设电源检修断路器一个。只有单相用电设备的畜禽舍，其计算负荷电流小于等于 40A 时应单相供电，计算负荷电流大于 40A 时应三相供电。当畜禽舍采用单相供电时，进舍的微型断路器应采用两极；当采用三相供电时，进舍的微型断路器应采用三极，且应设置自复式过、欠电压保护器。采用树干式或分区树干式系统，向各栋舍配电箱供电；采用放射式或与树干式相结合的系统，由区配电小间或配电箱向本区各栋舍分配电箱配电。

舍内配电线路布线可采用金属导管或塑料导管。暗敷的金属导管管壁厚度不应小于 1.5mm，暗敷的塑料导管管壁厚度不应小于 2.0mm。潮湿地区的畜禽舍及畜禽舍内的潮湿场所，配电线路布线宜采用管壁厚度不小于 2.0mm 的塑料导管或金属导管。明敷的金属导管应做防腐、防潮处理。

当沿同一路径敷设的舍外电缆小于或等于 6 根时，宜采用铠装电缆直接埋地敷设。在寒冷地区，电缆宜埋设于冻土层以下。当沿同一路径敷设的舍外电缆为 7～12 根时，宜采用电缆排管敷设方式；当沿同一路径敷设的舍外电缆数量为 13～18 根时，宜采用电缆沟敷设方式。电缆与畜禽舍建筑平行敷设时，电缆应埋设在畜禽舍建筑的散水坡外。电缆进出畜禽舍建筑时，应避开出入口处，所穿保护管应在畜禽舍建筑散水坡外，且距离不应小于 200mm，管口应实施阻水堵塞，并宜在距畜禽舍建筑外墙 3～5m 处设电缆井。各类地下管线之间的最小水平和交叉净距，应分别符合表 28 和表 29 的规定。

表 28　各类地下管线之间最小水平净距（m）

管线名称	给水管			排水管	燃气管		热力管	电力电缆	弱电管道
	D_1	D_2	D_3		P_1	P_2			
电力电缆	0.5	0.5	1.0	1.5	2.0	0.25	0.5		
弱电管道	0.5	1.0	1.5	1.0	1.0	2.0	1.0	0.5	0.5

注：① D 为给水管直径，$D_1 \leqslant 300mm$，$300mm < D_2 \leqslant 500mm$，$D_3 > 500mm$。② P 为燃气压力，$P_1 \leqslant 300kPa$，$300kPa < P_2 \leqslant 500kPa$。

表 29　各类地下管线之间最小交叉净距（m）

管线名称	给水管	排水管	燃气管	热力管	电力电缆	弱电管道
电力电缆	0.5	0.5	0.5	0.5	0.5	0.5
弱电管道	0.15	0.15	0.30	0.25	0.50	0.25

照明与电力应分成不同的配电系统。电缆或架空进线，进线处应设有电源箱，电源箱内应设置总开关，电源箱宜放在舍内，设在舍外时要选舍外型电源箱。对于用电负荷较大或较重要时，应设置低压配电室，从配电室以放射式配电，各层或分配电箱的配电，宜采用树干式或放射与树干混合方式。

导体截面的选择，应符合下列要求：①按敷设方式、环境条件确定的导体截面其导体载流量不应小于计算电流。②线路电压损失不应超过允许值。③导体应满足动稳定与热稳定的要求。④导体最小截面面积应满足机械强度的要求，固定敷设的导线最小芯线截面面积应符合表30的规定。

表30 绝缘导线最小允许截面面积

用途及敷设方式	线芯的最小截面面积(mm²)		
	铜芯软线	铜线	铝线
照明用灯头线			
屋内	0.4	1.0	2.5
屋外	1.0	1.0	2.5
移动式用电设备			
生活用	0.75	—	—
生产用	1.0	—	—
架设在绝缘支持件上的绝缘导线其支持点间距			
2m 及以下，屋内	—	1.0	2.5
2m 及以下，屋外	—	1.5	2.5
6m 及以下	—	2.5	4
15m 及以下	—	4	6
25m 及以下	—	6	10
穿管敷设的绝缘导线	1.0	1.0	2.5
塑料护套线沿墙明敷	—	1.0	2.5

刚性塑料导管（槽）布线宜用于室内场所和有酸碱腐蚀性介质的场所，但在高温和易受机械损伤的场所不宜采用明敷设。建筑物顶棚内，可采用难燃型刚性塑料导管（槽）布线。暗敷于墙内或混凝土内的刚性塑料导管，应选用中型以上管材。电线、电缆在塑料导管（槽）内不得有接头，分支接头应在接线

盒内进行。刚性塑料导管明敷时，其固定点间距不应大于表 31 所列数值。

表 31　刚性塑料导管明敷时固定点最大间距

公称直径(mm)	20 及以下	25 ~ 40	50 及以上
最大间距(m)	1.0	1.5	2.0

　　刚性塑料导管暗敷或埋地敷设时，引出地（楼）面不低于 0.3m 的一段管路，应采取防止机械损伤的措施。刚性塑料导管布线当管路较长或转弯较多时，宜适当加装拉线盒（箱）或加大管径。沿建筑的表面或支架敷设的刚性塑料导管（槽），宜在线路直线段部分每隔 30m 加装伸缩接头或其他温度补偿装置。刚性塑料导管（槽）在穿过建筑物变形缝时，应装设补偿装置。塑料线导管（槽）布线，在线路连接、转角、分支及终端处应采用相应附件。电缆与电缆或其他设施相互间容许的最小距离见表 32。

表 32　电缆与电缆或其他设施相互间容许最小距离（m）

电缆直埋敷设时的配置情况		平行	交叉
控制电缆之间		—	0.50（0.25）
电力电缆之间或与控制电缆之间	10kV 及以下电力电缆	0.10	0.50（0.25）
	10kV 以上电力电缆	0.25（0.10）	0.50（0.25）
不同部门使用的电缆		0.50（0.10）	0.50（0.25）
电缆与地下管沟	热力管沟	2.00	0.50（0.25）
	油管或燃气管道	1.00	0.50（0.25）
	其他管道	0.50	0.50（0.25）
电缆与建筑物基础		0.60（0.30）	—
电缆与公路边		1.00（0.50）	—

电缆直埋敷设时的配置情况	平行	交叉
电缆与排水沟	1.00（0.50）	—
电缆与树木的主干	0.70	—
电缆与 1kV 以下架空线电杆	1.00（0.50）	—
电缆与 1kV 以上架空线杆塔基础	4.00（2.00）	—

注：①表中所列净距，应自各种设施（包括防护外层）的外缘算起。②路灯电缆与道路灌木丛平行距离不限。③表中括号内数字是指局部地段电缆穿管，加隔板保护或加隔热层保护后允许的最小净距。

专题三
养殖场的道路规划与设计

专题提示

　　养殖场道路包括与外部联系的场外主干道交通道路和场区内部道路。场外主干道担负着全场的货物、产品和人员的运输，其路面最小宽度应能保证两辆中型运输车辆的顺利错车。场内道路是联系饲养工艺过程及场外交通运输的线路，是实现正常生产和组织人流、货流的重要组成部分，其不仅具有运输功能，同时也具有卫生防疫功能。因此道路规划设计要求在各种气候条件下能保证通车，防止扬尘，要满足分流与分工、联系简捷、路面质量、路面宽度、绿化防疫等要求。

I 道路分类和组成

一、道路分类

1. 根据道路荷载能力分类

　　根据道路的荷载能力不同，可分为主干道、次干道、辅助道、引道和人行道，见表33。

表33　养殖场道路分类

类型	适应范围	路宽（m）
主干道	用于主要出入口及车流量较大地段	4.5 ~ 6.0
次干道	用于生产舍与舍之间的交通运输	3 ~ 4.5

类型	适应范围	路宽(m)
辅助道	用于生产辅助区的变电站、水泵房、水塔；生产区的污染道、消防道等	3.0
引道	建(构)筑物出入口；与主、次干道，辅助道相连接的道路	3.0
人行道	仅供工作人员或自行车行走	2.0

(1)主干道　主要道路承担着养殖场的主要运输任务，与场外交通道路相连接。根据养殖场性质和规模不同，通向场外的主要道路有 1～4 条。如供人员进场和生活物资进入的通道，能直接通往生产管理区和生活区；专门进饲料的通道，直接通往饲料加工仓库；畜禽装车外运的专用通道；运输粪污出场的专用通道等。主要道路应能保证两辆中型运输车辆的顺利错车，路面宽度为 6.0～8.0m，拐弯半径不小于 8m。

(2)次干道　次要道路平行或垂直连接主要道路，可通往畜禽舍、饲料库、储粪场等，宽度一般为 3.5～5.5m。

(3)辅助道　主要为通往生产辅助区的变配电站、水泵房，生产区的污染道、消防道等，一般宽度在 3.0～4.0m。

(4)引道　主要通往出入口，连接主次道，服务局部区域交通，以服务功能为主。

(5)人行道　各建筑物的人行便道，可通行手推车，宽度一般为 1.5～3.5m。

2. 根据道路卫生防疫要求分类

(1)净道　净道即清洁道，主要用于人员出入、运送饲料、产品和进行生产联系等，场内粪污、垃圾和病死畜禽运输不能进入净道。清洁道一般是场区的主干道，路面的最小宽度要保证饲料运输车辆的通行，宽度一般为 3.5～6.0m，宜用沥青混凝土路面、水泥混凝土路面，也可用平整石块或条石路面。路面横坡 1.0%～1.5%，纵坡 0.3%～8.0% 为宜。

(2)污道　污道主要用于运送粪污、病死畜禽、废弃设备等，不允许与净道交叉混用。污道路面可同清洁道，也可用碎石或砾石路面、石灰渣土路面，宽度一般为 3.0～3.5m，路面横坡为 2.0%～4.0%，纵坡 0.3%～8.0% 为宜。与畜禽舍、饲料库、产品库、兽医建筑物、储粪场等连接的次要干道，宽度一般为 2.0～3.5m。

（3）专用通道　供畜禽产品装车外运的专用通道，一般末端和带有斜坡的装畜台相连。专用通道两侧一般都装有栏杆或砌筑有矮墙，栏杆和矮墙高度一般在 0.5～1.0m，以畜禽不能跳出为准，宽度以畜禽不能调头为准，一般取 0.8～1.0m。专用通道和畜禽舍出口相交处设置有带开关的闸门。

二、道路的组成

1. 线形组成

（1）机动车道　机动车道路面宽度应包括车行道宽度及两侧路缘带宽度，单幅路及三幅路采用中间分隔物或双黄线分隔对向交通时，机动车道路面宽度还应包括分隔物或双黄线的宽度。一条机动车道最小宽度不小于 3.5m。

（2）非机动车道　与机动车道合并设置的非机动车道，车道数单向不应小于 2 条，宽度不应小于 2.5m。非机动车专用道路面宽度应包括车道宽度及两侧路缘带宽度，单向不宜小于 3.5m，双向不宜小于 4.5m。一条非机动车道最小宽度自行车不得小于 1.0m，三轮车不得小于 2.0m。

（3）人行道　人行道宽度必须满足行人安全顺畅通过的要求。人行道最小宽度不低于 2m。

（4）绿化带　道路绿化是大地绿化的组成部分，也是道路组成不可缺少的部分，无论是道路总体规划、详细设计、修建施工，还是养护管理都是其中的一项重要内容。绿化带的宽度应符合现行行业标准的相关要求，最小宽度为 1.5m。

2. 结构组成

场区内道路工程结构组成一般分为路基、垫层、基层和面层 4 个部分。和场外联系的主要道路的结构也可由路基、垫层、底基层、基层、连接层和面层 6 部分组成，如图 25。

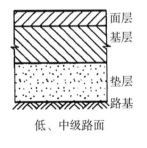

低、中级路面

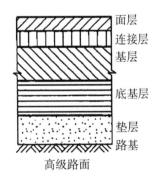

高级路面

图 25　道路的结构组成

三、道路的构造

场内道路构造应符合平坦坚固、宽度适当、坡度平缓、曲线段少、经济合理、节约能源的原则。其主要技术指标及做法见表34。

表34　主要技术指标及做法

道路名称	路面宽度（m）	路肩宽度(m)	最小转弯半径(m)	最大纵向坡度（%）	最小纵向坡度（%）	道路做法
主干道	4.5 ~ 6.0	1 ~ 1.5	9 ~ 12	6 ~ 8	0.2	1.280mm 厚 C25 混凝土面层 2.20mm 厚粗沙垫层 3.200mm 厚卵石灌 M2.5 混合砂浆 4.路基碾压密实度≥98%（环刀取样）
次干道	3 ~ 4.5	1	9	8	0.2	同主干道
辅助道	3.0	1	9	8	0.2	1.30mm 厚沥青石屑面碾压 2.60mm 厚碎石 3.200mm 厚卵石灌 M2.5 混合砂浆 4.路基碾压密实度≥98%（环刀取样）
引道	3.0	0	0	8	0.2	1.120mm 厚 C25 混凝土面层 2.60mm 厚碎石 3.200mm 厚卵石灌 M2.5 混合砂浆 4.路基碾压密实度≥98%（环刀取样）
人行道	2.0	0	0		0.2	1.50mm 厚 250×250 水泥方格砖 2.25mm 厚 1：3 白灰砂浆 3.150mm 厚 3：7 灰土 4.素土夯实

注：①路面横向坡度：干道为1%～1.5%，辅助道1.5%～2%，人行道为2%～3%。
②卵石取材困难或价格昂贵时可改卵石垫层为级配沙石垫层，厚度改为300mm。

II 路基

路基是行车部分的基础，由土、石按照一定尺寸、结构要求建筑成带状土工构筑物。路基必须密实、均匀，应具有足够的强度、稳定性、抗变形能力和耐久性，并应结合当地气候、水文和地质条件，采取防护措施。

一、路基的作用

路基作为道路工程的重要组成部分，是路面的基础，是路面的支撑结构物。同时，与路面共同承受交通荷载的作用。路基质量的好坏，必然反映到路面上来，如图 26 所示。

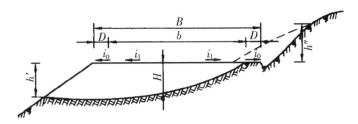

图 26　路基基本构造图

H. 路基填挖高度　　b. 路面宽度　　B. 路基宽度　　D. 路肩宽度

i_1. 路面横坡　　i_0. 路肩横坡　　h'. 坡脚填高　　h''. 坡顶挖深

路面损坏往往与路基排水不畅、压实度不够、温度低等因素有关。

高于原地面的填方路基称为路堤，低于原地面的挖方路基称为路堑，路面底面以下 80cm 范围内的路基部分称为路床。

二、路基的基本要求

路基是道路的基本结构物，一方面要保证汽车行驶的通畅与安全，另一方面要支持路面承受行车荷载的要求，因此应满足以下要求：

1. 路基结构物的整体必须具有足够的稳定性

在各种不利因素和荷载的作用下，不会产生破坏而导致交通阻塞和行车事故，这是保证行车的首要条件。

2. 路基必须具有足够的强度、刚度和水温稳定性

水温稳定性是指强度和刚度在自然因素的影响下的变化幅度。路基具有足够的强度、刚度和水温稳定性，就可以减轻路面的负担，从而减薄路面的厚度，

改善路面使用状况。

三、路基形式

1. 填方路基

（1）填土路基　填土路基宜选用级配较好的粗粒土做填料。用不同填料填筑路基时，应分层填筑，每一水平层均应采用同类填料。

（2）填石路基　填石路基是指用不易风化的开山石料填筑的路基。易风化岩石及软质岩石用作填料时，边坡设计应按土质路基进行。

（3）砌石路基　砌石路基是指用不易风化的开山石料外砌、内填而成的路基。砌石顶宽 0.8m，基底面以 20% 向内倾斜，砌石高 2～15m。砌石路基应每隔 15～20m 设伸缩缝一道。当基础地质条件变化时。应分段砌筑，并设沉降缝。当地基为整体岩石时，可将地基做成台阶形。

（4）护肩路基　坚硬岩石地段陡山坡上的半填半挖路基，当填方不大，但边坡伸出较远不易修筑时，可修筑护肩。护肩应采用当地不易风化片石砌筑，高度一般不超过 2m，其内外坡均直立，基底面以 20% 坡度向内倾斜。

（5）护脚路基　当山坡上的填方路基有沿斜坡下滑的倾向或为加固、收回填方坡脚时，可采用护脚路基。护脚由干砌片石砌筑，断面为梯形，顶宽不小于 1m，内外侧坡坡度可采用 1 :（0.5～1）: 0.75，其高度不宜超过 5m。

2. 挖方路基

挖方路基分为土质挖方路基和石质挖方路基。

3. 半填半挖路基

在地而自然横坡度陡于 1 : 5 的斜坡上修筑路堤时，路堤基底应挖台阶，台阶宽度不得小于 1m，台阶底应有 2%～4% 向内倾斜的相对坡度。分期修建和改建道路加宽时，新旧路基填方边坡的衔接处，应开挖台阶，台阶宽度一般为 2m。土质路基填挖衔接处应采取超挖回填措施。

Ⅲ 路面

一、路面结构

路面是由各种不同的材料，按一定厚度与宽度分层铺筑在路基顶面上的层状构造物。路面结构层次划分见图27。

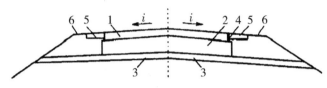

图27　路基结构层次划分示意图

*i.*路拱横坡度　1.面层　2.基层　3.垫层　4.路缘石　5.加固路肩　6.土路肩

1. 面层

面层是直接承受行车荷载作用、大气降水和温度变化影响的路面结构层次。面层应满足结构强度、高温稳定性、低温抗裂性、抗疲劳、抗水损害及耐磨、平整、抗滑、低噪声等表面特性的要求。沥青路面面层可由一层或数层组成，表面层应根据使用要求设置抗滑耐磨、密实稳定的沥青层；中间层、下面层应根据道路等级、沥青层厚度、气候条件等选择适当的沥青结构。

2. 基层

基层是设置在面层之下，并与面层一起将车轮荷载的反复作用传递到底基层、垫层、土基等起主要承重作用的层次。基层应满足强度、扩散荷载的能力以及水稳定性和抗冻性的要求。在沥青路面基层下铺筑的次要承重层称为底基层。基层、底基层视道路等级或交通量的需要可设置一层或两层。当基层、底基层较厚需分两层施工时，可分别称为基层、下基层，或上底基层、下底基层。

3. 垫层

在路基土质较差、水温状况不好时，宜在基层（或底基层）之下设置垫层。垫层应满足强度和水稳定性的要求。

面层、基层和垫层是路面结构的基本层次，为了保证车轮荷载的向下扩散和传递，下一层应比其上一层的每边宽出 0.25m。

此外对于耐磨性差的面层，为延长其使用年限，改善行车条件，常在其上面用石砾或石屑等材料铺成 2～3cm 厚的磨耗层。为保证路面的平整度，有时在磨耗层上再用沙土材料铺成厚度不超过 1cm 的保护层。

二、坡度与路面排水

路拱指路面的横向断面做成中央高于两侧（直线路段）具有一定坡度的拱起形状，其作用是利于排水。路拱的基本形式有抛物线、屋顶线、折线或直线，为便于机械施工，一般采用直线形。道路横坡应根据路面宽度、路面类型、纵坡及气候条件确定，宜采用 1.0%～2.0%，降水量大的地区宜采用 1.5%～2.0%，严寒积雪地区、透水路面宜采用 1.0%～1.5% 相对坡度，保护性路肩横坡度可比路面横坡度加大 1.0%。路肩横向坡度一般应较路面横向坡度大 1%。

各级道路，应根据当地降水与路面的具体情况设置必要的排水设施，及时将降水排出路面，保证行车安全。路面排水，一般由路拱坡度、路肩横坡和边沟排水组成。

三、路面的等级与分类

1. 路面等级

路面等级按面层材料的组成、结构强度、路面所能承担的交通任务和使用的品质划分为高级路面、次高级路面、中级路面和低级路面 4 个等级。

2. 路面类型

（1）路面基层的类型　按照现行规范，基层（包括底基层）可分为无机结合料稳定类和粒料类。无机结合料稳定类有：水泥稳定土、石灰稳定土、石灰工业废渣稳定土及综合稳定土；粒料类分级配型和嵌锁型，前者有级配碎石（砾石），后者有填隙碎石等。

1）水泥稳定土基层　在粉碎的或原来松散的土中，掺入足量的水泥和水，经拌和得到的混合料在压实养生后，当其抗压强度符合规定要求时，称为水泥稳定土。适用于各种交通类别的基层和底基层，但水泥稳定土不应用作高级沥青路面、水泥混凝土路面的基层，只能做底基层。

2）石灰稳定土基层　在粉碎或原来松散的土中掺入足量的石灰和水，经拌和、压实及养生后得到的混合料，当其抗压强度符合规定要求时，称为石灰稳定土。适用于各级道路路面的底基层。

3）石灰工业废渣稳定土基层　一定数量的石灰和粉煤灰或石灰和煤渣与

其他集料相配合，加入适量的水，经拌和、压实及养生后得到的混合料，当其抗压强度符合规定要求时，称为石灰工业废渣稳定土，简称石灰工业废渣。适用于各级道路的基层与底基层。

4）级配碎（砾）石基层　由各种大小不同粒径碎（砾）石组成的混合料，当其颗粒组成符合技术规范的密实级配的要求时，称其为级配碎（砾）石。级配碎石可用于各级道路的基层和底基层，可用作较薄沥青面层与半刚性基层之间的中间层。级配砾石可用各级道路的底基层。

5）填隙碎石基层　用单一尺寸的粗碎石做主骨料，形成嵌锁作用，用石屑填满碎石间的空隙，增加密实度和稳定性，这种结构称为填隙碎石。可用于各级道路的底基层和基层。

（2）路面面层类型　根据路面的力学特性，可把路面分为沥青路面、水泥混凝土路面和其他类型路面。

1）沥青路面　沥青路面是指在柔性基层、半刚性基层上，铺筑一定厚度的沥青混合料面层的路面结构。沥青面层分为沥青混合料、乳化沥青碎石、沥青贯入式、沥青表面处治4种类型。

沥青混合料可分为沥青混凝土混合料和沥青碎石混合料。沥青混凝土混合料是由适当比例的粗、细集料及填料组成的符合规定级配的矿料，与沥青拌和而制成的符合技术标准的沥青混合料，简称沥青混凝土，用其铺筑的路面称为沥青混凝土路面。而沥青碎石路面是由几种不同粒径大小的级配矿料，掺有少量矿粉或不加矿粉，用沥青做结合料，按一定比例配合，均匀拌和，经压实成形的路面。热拌热铺沥青混合料路面是指沥青与矿料在热态下拌和、热态下铺筑施工成形的沥青路面。热拌热铺沥青混合料适用于各种等级道路的沥青面层。沥青碎石混合料仅适用于过渡层及整平层。

当沥青碎石混合料采用乳化沥青做结合料时，即为乳化沥青碎石混合料。乳化沥青碎石混合料适用于各级道路沥青路面的联结层或整平层。乳化沥青碎石混合料路面的沥青面层宜采用双层式，单层式只宜在少雨干燥地区或半刚性基层上使用。

沥青贯入式路面是在初步压实的碎石（或轧制砾石）上，分层浇洒沥青、撒布嵌缝料，经压实而成的路面结构，厚度通常为4～8cm；当采用乳化沥青时称为乳化沥青贯入式路面，其厚度为4～5cm。

沥青表面处治是用沥青和集料按层铺法或拌和方法裹覆矿料，铺筑成厚度一般不大于3cm的一种薄层路面面层。

2）水泥混凝土路面　水泥混凝土路面指以水泥混凝土面板和基（垫）层组成的路面，亦称刚性路面。

3）其他类型路面　主要是指在柔性基层上用有一定塑性的细粒土稳定各种集料的中低级路面。

路面还可以按其面层材料分类，如水泥混凝土路面、黑色路面（指沥青与粒料构成的各种路面）、沙石路面、稳定土与工业废渣路面以及新材料路面等。

表35列出了各级路面所具有的面层类型及其所适用的道路等级。

表35　各级路面所具有的面层类型及其所适用的道路等级

道路类型	采用的路面等级	面层类型
场外主干	道中级路面	沥青路面
		水泥混凝土路面
		碎、砾石（泥结或级配）
		半整齐石块
		其他粒料
场内主干道、次干道	低级路面	沥青路面
		水泥混凝土路面
		碎、砾石（泥结或级配）
		粒料加固土
		其他当地材料加固或改善土

Ⅳ 道路附属设施

一、停车场

一般停车场出入口不得少于两个，且两个机动车出入口之间的净距不小于15m。停车场的出口与入口宜分开设置，单向行驶的出入口宽度不得小于5m，双向行驶的出入口宽度不得小于7m。

小型停车场只有一个出入口时，出入口宽度不得小于9m。

为了保证车辆在停放区内停入时不致发生自重分力引起滑溜，导致交通事故，要求停放场的最大纵坡与通道平行方向为1%，与通道垂直方向为3%。出入通道的最大纵坡为7%，一般以小于等于2%为宜。停放场及通道的最小纵坡以满足雨雪水及时排出及施工可能高程误差水平为原则，一般取0.4%～0.5%。

二、道路照明

道路照明应根据所在地区的地理位置和季节变化合理确定开关灯时间，并应根据天空亮度变化进行必要修正。宜采用光控和时控相结合的智能控制方式，有条件时宜采用集中遥控系统。照明光源应选择高光效、长寿命、节能及环保的产品。

光源的选择应符合下列规定：主干路、次干路和支路应采用高压钠灯或小功率金属卤化物灯；人行道可采用小功率金属卤化物灯、细管径荧光灯或紧凑型荧光灯。道路照明不应采用自镇流高压汞灯和白炽灯。

三、道路交通管理设施

1. 交通标志

交通标志分为主标志和辅助标志两大类。主标志按其功能可分为警告标志、禁令标志、指示标志、指路标志、作业区标志、告示标志等。辅助标志是附设在主标志下面，对主标志起补充说明的标志，不得单独使用。

标志应传递清晰、明确、简洁的信息，以引起道路使用者的注意，并使其具有足够的发现、识读和反应时间。交通标志应设置在驾驶人员和行人易于见到并能准确判断的醒目位置，一般安设在车辆行进方向道路的右侧或车行道上方；为保证视认性，同一地点需要设置2个以上标志时，可安装在一根立柱上，但最多不应超过 4 个；标志板在一根支柱上并设时，应按警告、禁令，指示的顺序，先上后下、先左后右地排列。

2. 交通标线

交通标线主要是路面标线，是以文字、图形、画线等在路面上漆绘，以表示车行道中心线，机动车、非机动车分隔线，各类导向线以及人行横道，车道渐变段，停车线等。此外，还有少数立面标记，如设置在立交桥洞侧墙或安全岛等壁面上的标记。

V 场区道路的规划布置

一、道路布置的基本要求

基本要求

①道路系统应与场区总平面布置、竖向设计、绿化等协调一致。场内道路一般与建筑物长轴平行或垂直布置。

②道路布置应适应生产工艺流程，路线简洁，保证场内外运输畅通，各生产环节联系便捷。

③满足畜禽生产特殊要求，生产区道路应分为净道和污道。净道可按次干道考虑，其主要任务是运送畜禽种苗、饲料及新进场设备；污道可按辅助道考虑，主要是运送粪便、淘汰畜禽、病死畜禽及淘汰设备。净道和污道应分别有出入口。净污分开，分流明确，尽可能互不交叉，兽医建筑物需有单独的道路。

④管理区与外部相连道，可按主干道考虑。辅助区之间联系按辅助道考虑。

⑤路面质量好，路基坚实、排水良好，雨天不积水，晴天不扬尘。

二、道路与相邻建（构）筑物关系

道路至相邻建筑物、构筑物最小距离见表36。

表36　场内道路至建（构）筑物最小距离

位置	相邻建（构）筑物名称	最小距离（m）
畜禽舍外墙	当建筑物面向道路一侧无出入口时	1.5
	当建筑物面向道路一侧有出入口时有单车引道	8.0
	当建筑物面向道路一侧有出入口时无单车引道	3.0
	消防车至建筑物外墙	5～25
围墙	当围墙有汽车出入口时，出入口附近	6.0
	当围墙无汽车出入口而路边有照明电杆	2.0
	当围墙无汽车出入口且路边无照明电杆	1.5
绿化	乔木（至树干中心线）	1～1.5
	灌木（至灌木丛边缘）	1.0
装卸台边缘	当汽车平行站台停放	3.0～3.5
	当汽车垂直站台停放	10.5～11.0

三、道路布置形式

由于净道、污道要分开不得交叉，所以养殖场不能采用工厂那种环状布置形式。养殖场一般采用枝状尽端式布置法，这种布置形式比较灵活，适用于山地或平缓地，可将各厩舍有机地联系起来。

1. 枝状布置

干为生产区的主送饲道，枝为通向各畜禽舍出入口的车道（引道），见图28。

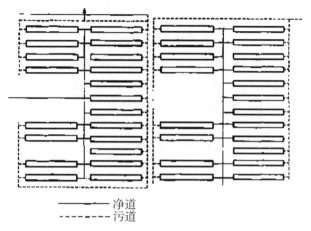

————净道
- - - - 污道

图28　生产区道路布置示意图

2. 尽端设回车场

枝状布置时应在尽端设回车场，解决车的调头问题。回车场可根据场地地形选用下列回车场的形式，见图29。

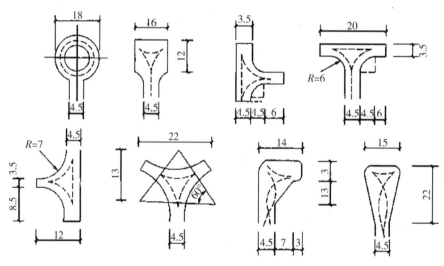

图29　几种回车场形式（m）

Ⅵ 场内绿化

一、绿化植物的选择

1. 树种

绿化树种除要适应当地的水土环境以外，还应具有抗污染、吸收有害气体等功能。可供绿化的树种有槐、梧桐、小叶白杨、毛白杨、加拿大白杨、钻天杨、旱柳、垂柳、榆、榉树、朴、泡桐、红杏、臭椿、合欢、刺槐、油松、桧柏、侧柏、雪松、樟、大叶黄杨、榕、桉等。

2. 绿篱植物

常绿绿篱可用桧柏、侧柏、杜松、小叶黄杨等；落叶绿篱可用榆、鼠李、水蜡、紫穗槐等。花篱可用连翘、太平花、榆叶梅、丁香、银带花、忍冬等；刺篱可用黄刺玫、红玫瑰、野蔷薇、花椒、山楂等。蔓篱则可用地棉、忍冬、蔓生蔷薇和葡萄等。绿篱生长快，要经常整形，一般以高度100～120cm、宽度50～100cm为宜。无论何种形式都要保证基部通风和足够的光照。

二、绿化布置

1. 设置防护林带

防护林带的设置以降低风速为目的，防低温气流、防风沙对场区和畜禽舍的侵袭。在防御地带设5～8m宽乔灌木相结合林带。株距1.5m，行距1.5m，"品"字形栽种。可选枝条较稠密和抗风的树种，如槐、柏、松、小叶杨等。

2. 隔离绿化带

养殖场的各分区之间、四周围墙应设隔离绿化带。林带4～5m，选择高的疏枝树木以利通风。以树木间行距3～6m、株距1～1.5m为宜。乔木应修剪成无枝，树干高5m，以防影响通风。选择疏枝树木以利通风，如柳、白杨、柿、银杏等。

3. 行道树

以遮阳吸尘为主。与风平行道路可兼种冠大叶密乔木和灌木；与风垂直道路，宜种植枝条长而稀的树种，如合欢、白杨、槐等。

4. 遮阳植物

畜禽舍运动场四周、畜禽舍之间，均应植树种草。畜禽舍之间的绿化，既要注意遮阴效果，又要注意不影响通风排污。可选种如柿、枣、核桃、泡桐等枝条长、树冠大而透风性好的树种。

此外，养殖场周围应栽植平行的 2～4 排树木，尤其是在冬季主风向侧应密植，并距场内主要建筑 40～50m 处为宜，其他方向为 30～40m。

VII 养殖场的大门设计

养殖场大门的大小，形式取决于人流、物流的要求，设计时应力求适用、经济、大方。大门的宽度一般是 4～5m，应保证车辆进出和大门开启方便，为便于生产管理，可在大门旁边设置边门，或在大门上留人行小门。由于养殖场防疫的需要，应在大门和边门处设置消毒池以及人员灯光消毒间，设置紫外线灯、消毒脚垫、洗手盆或喷雾消毒设施。对于大型养殖场，在进入生产区之前还应设计专用的人员更衣、淋浴、消毒建筑。

专题四
养殖场的排污设计

专题提示

　　畜禽养殖过程中产生的污染物如粪尿、污水、恶臭等直接排入环境，会对土壤、水体、大气、人体健康等造成直接或间接的影响，进而影响养殖业的发展。因此，养殖场应采取合理的粪污收集、运输、储存方式，减少污染物的产生量，同时降低后续污染物处理的成本。

　　养殖场排污系统的设置与畜禽饲养方式和清粪方式有很大关系。

I 养殖场粪污收集

一、猪舍粪污收集方式与设施

　　养猪生产中主要采用水冲粪、水泡粪、干清粪等方式进行粪污清理、收集。

　　水冲粪是将猪排放的粪、尿和污水混合进入粪沟，每天数次放水冲洗，粪水顺粪沟流入粪便主干沟或附近的集污池内，用排污泵经管道输送到粪污处理区。水冲粪方式可保持猪舍内的环境清洁，劳动强度小，劳动效率高，但耗水量大，污染物浓度高，处理难度大，经固液分离出的固体部分养分含量低，肥料价值低。

　　水泡粪清粪工艺是在漏缝地板下设缝，粪尿、冲洗和饲养管理用水一并排入粪沟中，储存一定时间后，打开出口的闸门，将沟中粪污排出，流入粪便主干沟或经过虹吸管道，进入地下储粪池或用泵抽吸到地面储粪池（图30）。水泡粪工艺劳动强度小，劳动效率高，比水冲粪工艺节省用水，但由于粪便长时间在猪舍中停留，形成厌氧发酵，产生大量的有害气体，恶化舍内空气环境，危及动物和饲养人员的健康，需要配套相应的通风设施，经固液分离后的污水处理难度大，固体部分养分含量低。

图30　水泡粪工艺

　　为了达到养殖污染减排的目的，我国提倡采用干清粪方式，做到"干湿分离"，即粪尿一经产生便分流，干粪由机械或人工收集、清扫、运走，尿液及冲洗水则从排污管道流出，粪、尿分别进行处理。

　　1. 实心地面舍干清粪排污设计

　　对于育成、育肥舍，通常多采用实心地面。实心地面舍一般依靠人力进行干清粪，粪尿污水自然流动进入排污沟并汇入总排污管道，最终进入集污池。

图31　舍内排污沟

　　（1）舍内排污沟（图31）　单列式猪舍舍内排污沟设在畜床靠墙一侧，双列式猪舍排污沟可设置在靠墙两侧，也可设置在中央通道的下侧或两侧。猪床地面趋向于排污沟一侧，应有2%～3%的相对坡度，可使尿液污水很快流入排污沟内。排污沟可用水泥、石或砖结构砌成，要求内面光滑不透水。排污沟宽35～40cm、深15cm左右，底部有方形或半圆形。沟底部要平整，沿污水流动方向有1%～2%的相对坡度，通常两端沟底最浅，坡向中间。排污沟中间设一下水口，沟内尿液污水通过下水口进入地下排污管道排出舍外。栏外排污沟可建成明沟，利于清扫消毒，栏内排污沟应建成暗沟，或在沟上盖通长铁箅子、沟盖板等。

（2）舍外排污沟 舍外排污沟（图32）一般设在猪舍外墙底部，水泥砌筑，宽10cm，深20cm，沿污水流动方向有3%～5%的相对坡度，排污沟与主粪沟或粪水池相接。舍内每个猪栏设1个洞，长35cm，高10cm，与外墙底的排污沟相连。舍外排污沟一般适用于中小猪场，在北方寒冷地区冬季舍外粪水易冻结，所以也不适用此种排污沟设计。舍外排污沟应用水泥盖板密封，防止雨水流入。

图32 舍外排污沟

2. 漏缝地板猪舍干清粪排污设计

（1）人工干清粪排污设计 对于猪栏采用漏缝地板、人工干清粪的猪舍，可在猪栏外面清粪通道一侧设置一条浅粪沟，粪沟通向舍外或在粪沟中部设下水口，与地下排污管道相连。猪栏下方承粪地面为斜面，斜面相对坡度为

1%～2%（也可酌情加大坡度），尿液自动流入粪沟，斜面上的猪粪进行人工清扫。

采用漏缝或半漏缝地板高床饲养的猪舍，可在高床下设承粪沟，承粪沟为浅"U"形，中央设漏尿口，尿液、污水经漏尿口排入地下排污管道，留在粪沟内的猪粪进行人工清扫，见图33。

图33　漏缝地板高床饲养排污沟

（2）机械干清粪排污设计　　猪舍机械干清粪工艺中常用的清粪机械是往复式刮板清粪机，它通常由带刮粪板的滑架、传动装置、张紧机构和钢丝绳等构成。往复式刮粪板清粪机装在漏缝地板下面的粪沟中，粪沟的断面形状及尺寸要与滑架及刮板相适应（图34、图35）。粪沟中必须装排尿管，排尿管直径为0.1～0.2m，排尿管上要开一通长的缝，用于尿及冲洗栏的废水从长缝中流入排尿管，然后流向舍外的排污管道中，粪则留在粪沟内，由清粪机清入集粪坑。为避免缝隙被粪堵塞，刮粪板上焊有竖直钢板插入缝中，在刮粪的同时疏通该缝隙。

图34　猪舍往复式刮粪板清粪机

图 35　螺旋推进清粪装置

3. 漏缝地板水泡粪排污设计

根据所用设备的不同，水泡式清粪可分为截留阀式、沉淀闸门式和连续自流式 3 种。

（1）截留阀式　截留阀式清粪方式是在粪沟末端一个通向舍外的排污管道上安装一个截留阀，平时截留阀将排污口封死。猪粪在冲洗水及饮水器漏水等条件下稀释成粪液，在需要排出时，将截留阀打开，液态的粪便通过排污管道排至舍外的总排粪沟。

（2）沉淀闸门式　沉淀闸门式清粪是在纵向粪沟的末端与横向粪沟相连接处设置闸门，闸门严密关闭时，打开放水阀向粪沟内放水，直至水面深 50～100mm。猪排出的粪便通过其践踏和人工冲洗经漏缝地板落入粪沟，成为粪液。每隔一定时间打开阀门，同时放水冲洗，粪沟中的粪液便经横向粪沟流向总排粪沟中。

（3）连续自流式　这种清粪方式与沉淀闸门式基本相同，不同点仅在于纵向粪沟末端以挡板代替闸门。

（4）虹吸管道排污系统　有机构研发出了一套虹吸管道式水泡粪排污系统，此系统主要是在密闭环境中，结合了系统首、末端排气阀，利用虹吸原理，形成了负压，使粪污均匀分布在池底的排污口，从而有序排出。该工艺具体是这样实现的：粪污管道将猪舍漏缝地板下的粪池分成几个区段，每个区段粪池下安装一个接头，粪池接头处配备一个排粪塞，以保证液体粪污能存留在猪舍粪池中。当液态粪污未排放时，管道内充满了空气，当要排空粪池时，工人可将排粪塞子用钩子提起来，随着排污塞子的打开，粪污开始陆续从一个个小单元粪池向排污管道里排放并流入管道，管道内空气逐渐排出，排气阀自动打开：当管道内完全充满粪污时，管道内不再向外排气，排气阀关闭，从而利用真空原理在压力差的作用下使粪污流入管道并顺利排出。

二、鸡舍粪污收集方式与设施

1. 阶梯式笼养和网上平养鸡舍清粪

鸡舍下面的粪槽与笼具和网床方向相同，通长设计，宽度略小。粪槽底部低于舍内地面 10～30cm，用人工和机械清粪均可。

人工清粪鸡舍每排支架下方皆有很浅的粪坑，为便于清粪，粪坑向外以弧度与舍内地坪相连，人工用刮板从支架下方将粪刮出，然后铲到粪车上，推送至粪场。

机械清粪时，可用刮板式清粪机。全行程式刮板清粪机适用于短粪沟。步进式刮板清粪机适用于长距离刮粪。为保证刮粪机正常运行，要求粪沟平直，沟底表面越平滑越好。可根据不同鸡舍形式组装成单列式、双列式和三列式。目前，已经应用的有传送带清粪机（图36）。

图36　鸡舍传送带式清粪机

2. 叠层式笼养鸡舍清粪

鸡舍鸡粪由笼间的承粪带承接，并由传送带将鸡粪送到鸡笼的一端，由刮粪板将鸡粪刮下，落入横向的粪沟由螺旋弹簧清粪机搬出鸡舍。叠层式输送带式清粪机见图37。

图 37 叠层式输送带式清粪机

3. 高床、半高床鸡舍清粪

鸡舍下面粪坑的面积与鸡舍相同，高床笼养鸡舍粪坑高度在 $1.5 \sim 1.8$m，半高床笼养鸡舍粪坑高度在 $1.0 \sim 1.3$m。清粪在饲养结束后一次进行。

三、牛舍粪污收集方式与设施

1. 牛舍内人工清粪

人工清粪一般适用于拴系舍饲牛舍。在牛床后端和清粪通道之间设排尿沟，牛床有适当的坡度向排尿沟倾斜。排尿沟的宽度一般为 $32 \sim 35$cm，可设为明沟，此时应考虑采用铁锹放进沟内进行清理，所以深度为 $5 \sim 8$cm。排尿沟也可设为暗沟，沟面上设漏尿圆孔或采用缝隙盖板。排尿沟底应有 $1\% \sim 3\%$ 的纵向排水坡度，沟内设下水口，尿液污水通过下水口进入地下排污管道排到舍外。

2. 牛舍内机械清粪

对封闭式（大跨度）牛舍，可采用刮粪板设备将粪便刮进粪沟或储粪池，再运到粪污处理场或用铲车直接装车运出。一般连杆刮板式适用于单列牛床，环形链刮板式适于双列牛床，双翼形刮粪板式（图38）适于散栏舍饲牛舍。

图 38 双翼形刮粪板式

3. 牛舍水泡粪工艺

对封闭式散养牛舍，可在牛床及牛通道区域设漏缝地板，让牛排出的粪尿直接漏进下面的粪沟；当有粪便不能漏下时，可采用刮粪板（图39）清粪。粪沟宽度根据漏缝地面的宽度而定，深度为 $0.7 \sim 0.8m$，粪沟倾向粪水池有一定坡度便于排水。

图39　刮粪板

四、羊舍粪污收集方式与设施

1. 即时人工清粪

不设羊床，采用扫帚、小推车等简易工具将舍内粪污清扫运出，特点是投资少，劳动量大，只适用于小规模羊场。

2. 即时机械清粪

设漏缝式羊床，羊床下是粪槽，采用刮粪板将粪槽中粪便集中到一端，用粪车运走。此种清粪方式适用于较长的羊舍。

3. 高床集中清粪

设漏缝式羊床，床下 $70 \sim 80cm$ 高，漏缝地板下设粪池，池底设一定坡度，尿液排出羊舍，留下的粪污集中清理。

II 粪污储存设施

一、固态（半固态）粪污储存

固态（半固态）粪污储粪场应设在生产区下风向地势较低较偏僻处，与畜禽舍保持100m的间距，并应便于运往农田。其规模大小应根据饲养规模、每头家畜每天的产粪量、储存的时间来设计。储粪场应为水泥地面，建堆积墙，地面应有坡度，设渗滤液收集沟，其上搭建雨棚。

二、液态（半液态）粪污储存

储存液态或半液态粪便的储粪池通常有地下、地上、半地下式3种。地下储粪池适用于建造处地势较低的情况，应防渗漏，池底可铺设防渗膜。地下储存池最好用混凝土砌成，周围要建造大于1.5m的围栏。地上储粪池适用于地势平坦场区，可用砖砌而成，用水泥抹面防渗。储粪池上应有防雨（雪）设施。

III 场内排水系统

一、屋面雨水收集

1. 无组织排水

无组织排水是指屋面排水不需经过人工设计，雨水从屋顶沿屋面坡度从挑檐自由流落到室外地面的排水方式，又称外檐自由落水。自由落水的屋面可以是单坡屋顶、双坡屋顶和四坡屋顶，雨水可从一面、两面或四面落到地面，挑檐必须挑出外墙面以防雨水顺墙面流淌而浸湿和污染墙面。无组织排水无须设计、构造简单、造价低、不易漏雨，但当雨量较大、房屋较高时，落地雨水会溅脏房屋勒脚。所以无组织排水一般适用于低层及雨水较少地区建筑。

2. 有组织排水

（1）檐沟外排水系统　檐沟外排水系统由檐沟、雨水斗和排水立管组成，它采用重力流排水型雨水斗，雨水斗设置在檐沟内，雨水斗的间距按雨水斗的排水负荷和服务的屋面汇水面积确定，一般情况下，雨水斗的间距可采用 18～24m。雨水管又称水落管，直径一般分为 75mm、100mm、125mm、150mm 和 200mm 5 种规格，常用 100mm。工程中雨水管应牢固地固定在建筑物外墙或承重结构上，管材应采用排水塑料管，沿建筑长度方向的两侧，每隔 15～20m 设水落管一根，其汇水面积不超过 200m²；寒冷地区，排水立管应布置在室内。

（2）天沟外排水系统 天沟外排水系统由天沟、雨水斗、排水立管及排出管组成。该系统属单斗压力流，应采用压力流型雨水斗，设于天沟末端。天沟应以建筑物伸缩缝或沉降缝为屋面分水线，在分水线两侧设置，其长度不宜超过 50m，天沟坡度不宜小于 0.003％，斗前天沟深度不宜小于 100mm。天沟断面多为矩形和梯形，其端部应设溢流口。压力流排水系统宜采用内壁光滑的带内衬的承压排水铸铁管、承压塑料管和钢塑复合管等，其管材工作压力应大于建筑物净高度产生的静水压。用于压力流排水的塑料管，其管材抗环变形外压力应大于 0.15MPa，且应固定在建筑物承重结构上。

（3）内排水系统的组成、布置与敷设 内排水系统由天沟、雨水斗、连接管、悬吊管、立管、排出管、埋地干管和检查井组成。重力流排水系统的多层建筑宜采用建筑排水塑料管，高层建筑和压力流雨水管道宜采用承压塑料管和金属管。

1）雨水斗 屋面排水系统应设置雨水斗。不同设计排水流态、排水特征的屋面雨水排水系统应选用相应的雨水斗。雨水斗的设置位置应根据屋面汇水情况并结合建筑结构承载、管系敷设等因素确定，雨水斗的设计排水负荷应根据各雨水斗的特性并结合屋面排水条件等情况确定。应选用稳流性能好、泄水流量大、掺气量少、拦污能力强的雨水斗。常用的雨水斗规格为 75mm、100mm、150mm。柱球式雨水斗有整流格栅，起整流作用，避免排水过程中形成过大的旋涡而吸入大量的空气，迅速排除屋面雨水，同时拦截树叶等杂物。檐沟和天沟采用柱球式雨水斗。在不能以伸缩缝或沉降缝为屋面雨水分水线时，应在缝的两侧各设一个雨水斗，防火墙的两侧应各设一个雨水斗。

另外，雨水斗应设在冬季易受室内温度影响的屋顶范围内，雨水斗与屋面连接处必须做好防水处理；接入同一悬吊管上的各雨水斗应设在同一标高屋上，接入多斗悬吊管的立管顶端不得设置雨水斗；雨水斗的出水管管径一般不小于

100mm。

2）连接管　连接管是上部连接雨水斗、下部连接悬吊管的一段竖向短管，其管径与雨水斗相同。连接管应牢固地固定在梁、桁架等承重结构上；变形缝两侧雨水斗的连接管，在合并接入一根立管或悬吊管上时，应采用柔性接头。

3）悬吊管　悬吊管应沿墙、梁或柱间悬吊并与之固定，一根悬吊管可连接的雨水斗数量不宜超过4个，与立管的连接应采用两个45°弯头或90°斜三通；重力流雨水排水系统中长度大于15m的雨水悬吊管，应设检查口，其间距不宜大于20m，且应布置在便于维修操作处。

4）立管　雨水排水立管承接经悬吊管或雨水斗流来的雨水，常沿墙柱明装，建筑有高低跨的悬吊管，宜单独接至各自立管，立管下端宜用两个45°弯头接入排出管；一根立管连接的悬吊管不多于两根，其管径由计算确定，但不得小于悬吊管管径；建筑屋面各汇水范围内，雨水立管不宜少于两根。有埋地排出管的屋面雨水排出管系，立管底部应设清扫口。

5）埋地管　埋地管敷设于室内地下，承接雨水立管的雨水并排至室外，埋地管最小管径为200mm，最大不超过600mm，常用混凝土管或钢筋混凝土管。埋地管不得穿越设备基础及其他地下建筑物，埋设深度不得小于0.15m，封闭系统的埋地管应保证封闭严密不漏水；在敞开系统的埋地管起点检查井内，不得接入生产废水管道。

6）室内检查井　室内检查井主要用于疏通和衔接雨水排水管道。在埋地管转弯、变径、变坡、管道汇合连接处和长度超过30m的直线管段上均应设检查井，井深不小于0.7m，井内管顶平接，水流转角不得小于135°；敞开系统的检查井内应做高出管顶200mm的高流槽；为避免检查井冒水，敞开系统的排出管应先接入排气井，然后再进入检查井，以便稳定水流。排出的雨水流入排气井后与溢流墙碰撞消能，流速大幅度下降，使得气水分离，水再经整流格栅后平稳排出，分离出的气体经放气管排放。

二、场区雨水收集

1. 地面明沟

受养殖场内地表散落物质等影响，一般雨水径流尚具有一定的污染影响，因此建议雨水排放最终应在地面明沟末端设置氧化塘（沟），处理后排放，但在目前状况下，雨水径流可直接排放地表河道。

明沟是设置在外墙四周的排水沟，其作用是将积水有组织地导向集水井，然后流入排水系统，以保护外墙基础。一般在年降水量为900mm以上的地区采用。明沟按材料一般有砖砌明沟、石砌明沟和混凝土明沟（图40）。断面形式有矩形、梯形或半圆形沟槽，宽一般为200mm左右，用水泥砂浆抹面。同时沟底应设有不小于1%的坡度，以保证排水畅通。明沟一般设置在墙边，当屋面为自由排水时，明沟必须外移，使其沟底中心线与屋面檐口对齐。

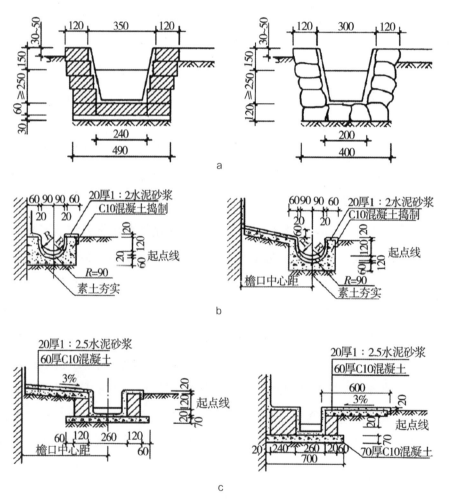

图40　明沟构造做法（mm）

a.砖砌明沟　b.石砌明沟　c.混凝土明沟

2. 排水沟

（1）排水沟的平面布置　为快速、畅通排出存水，排水沟布置应尽量采用直线，减少弯曲或折线，必须转弯时半径为10～20m。

（2）排水沟的断面形式　排水沟的断面形式一般多为矩形，有的也采用梯形、"U"形等，深度与底宽一般不宜小于0.3m。排水沟的沟底纵坡一般不小于0.5%，过缓会影响排水沟的排水效果。对土质地段的排水沟，应做好衬砌防护，以防止水流冲刷和渗漏，对软质岩石段的排水沟，也应根据实际情况衬砌和防护。

当排水沟需要通过裂缝时，应设置成"叠瓦式"的沟槽，可用土工合成材料或钢筋混凝土预制板制成。有明显开裂变形的坡体，可用黏土或水泥浆填实裂缝，整平出现的水坑、洼地。排水沟的进出口宜采用喇叭口或"八"字形导流翼墙，导流翼墙长度可取设计水深的3～4倍，当排水沟断面需要变化时，应采用渐变段进行衔接，其长度应取水面宽度之差的5～20倍，排水沟的安全超高不应小于0.3m。

3. 场区雨水管道的布置与敷设

雨水管道系统是由雨水口、连接管、雨水管道和出水口等主要部分组成，见图41。

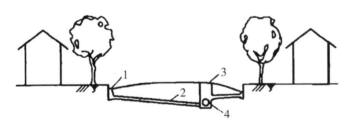

图41　雨水管道系统组成示意图
1. 雨水口　2. 连接管　3. 检查井　4. 干管

对雨水管道系统布置的基本要求是，布局经济合理，能及时通畅地排除降落到地面的雨水。

场区雨水管道布置应遵循的原则

雨水管道的布置应根据场区的总体规划、道路和建筑布置，充分利用地形，使雨水以最短距离靠重力排水进入雨水干管。

雨水管道应平行道路敷设，宜布置在人行道或绿地下，而不宜布置在车道下。若道路宽度大于40m时，可考虑在道路两侧分别设置雨水管道。

合理布置雨水口。场区内雨水口的布置应根据地形、建筑物位置沿路布置，宜在下列部位布置雨水口：道路交汇处和路面低洼处；建筑物单元出入口与道路交界处；建筑雨水管附近；场区空地、绿地的低洼处；地下坡道入口处等。雨水口的形式和数量应根据布置位置、雨水流量和雨水口的泄流能力经计算确定。沿道路布置的雨水口间距宜在 20 ～ 40m。雨水连接管长度不宜超过 25m，每根连接管上最多连接 2 个雨水口。平算雨水口的算口宜低于道路路面 30 ～ 40mm，低于土地面 50 ～ 60mm。

场区雨水排水系统可选用埋地塑料管、混凝土管或钢筋混凝土管、铸铁管等。管内流速不低于 0.75m/s。雨水管道的最小管径和横管的最小设计坡度按表 37 确定。

表 37　雨水管道的最小管径和横管的最小设计坡度

管别	最小管径（m）	横管的最小设计坡度	
		铸铁管、钢管	塑料管
建筑周围雨水接户管	200（225）	0.5%	0.3%
场区道路下的干管、支管	300（325）	0.3%	0.15%
13 号沟头的雨水口连接管	200（225）	1%	1%

注：表中铸铁管管径为公称直径，括号内数据为塑料管外径。

雨水检查井的最大间距可按表 38 确定。

表 38　雨水检查井最大间距

管径(mm)	最大间距（m）	管径（mm）	最大间距（m）
150（160）	20	400（400）	40
200 ～ 300（200 ～ 315）	30	≥ 500（500）	50

三、污水收集

污水要通过暗沟或暗管输送。暗埋管沟应在冻土层以下，以免因受冻而阻塞。污水输送管道，管道直径在 200mm 以上，如果采用重力流输送的污水管道管底坡度不低于 2%。暗埋管沟排水系统如果超过 200m，中间应增设沉淀井，以免污物淤塞，影响排水。沉淀井不应设在运动场中或交通频繁的干道附近，沉淀井距供水水源至少应有 200m 以上的间距。

场区排水管道应以最小埋深敷设，以利减少城市排水管的埋设深度。影响场区排水管埋深的因素有：①房屋排出管的埋深。②土层冰冻深度。③管顶所受动荷载情况。一般应尽量将场区排水管道埋设在绿化草地或其上不通行车辆的地段。在我国南方地区，若管道埋设处无车辆通行，则管顶覆土厚度 0.3m 即可；有车辆通行时，管顶至少要有 0.7m 的覆土厚度；在北方地区，则应受当地冰冻深度控制。

场区排水管道多采用陶土管或水泥管，水泥砂浆接头。排水管道的最小管径、最小设计坡度和最大计算充满度应满足表 39 的规定。

表 39　场区室外生活排水管道最小管径、最小设计坡度和最大设计充满度

管别	管材	最小管径（mm）	最小设计坡度（%）	最大设计充满度
接户管	埋地塑料管	160	0.5	0.5
	混凝土管	150	0.7	
支管	埋地塑料管	160	0.5	0.55
	混凝土管	200	0.4	
干管	埋地塑料管	200	0.4	
	混凝土管	300	0.3	

注：接户管管径不得小于建筑物排出管管径。

在排水管道交接处，管径、管道坡度及管道方向改变处均需设置排水检查井；在较长的直线管段上，亦需设置排水检查井；检查井的间距约为 40m。排水检查井一般都采用砖砌，钢筋混凝土井盖。

专题五
养殖场卫生防疫设施与设备

专题提示

在畜禽生产中,疫病是最主要的威胁,因此把好生物安全这道关,是规模化畜禽生产的首要工作。通过建设生物安全体系,采取严格的隔离、消毒和防疫措施,通过对人和环境的控制,建立起防止病原入侵的多层屏障,使畜禽生长处于最佳状态,已成为防控畜禽疫病的重要手段。生物安全措施在畜禽业生产中的应用,可以有效控制畜禽疾病的发生与传播,保证畜禽的生产安全性及畜禽产品的安全性,提高畜禽业的经济效益,促进畜禽业的健康发展。

Ⅰ 隔离设施

一、空间距离隔离

传染病传播的天然屏障就是距离,因此养殖场选址是疫病防制中的关键因素之一。养殖场场址的选择要按照国家、省有关技术规范和标准,从保护人和动物安全出发,满足卫生防疫要求。不能将场址选在化工厂、屠宰场、制革厂等容易产生环境污染企业的下风向处或附近;要求距离国道、省际公路500m,距离省道、区际公路300m,一般道路100m,距居民区500m以上;大型牧场之间应不少于1000m,距离一般牧场应不少于500m;在城镇郊区建场,距离大城市20km,小城镇10km;禁止在旅游区、畜病区建场。

二、围墙或绿化带隔离

一般来说,养殖场要有明确的场界,场周围用砖石等砌筑坚固较高的围墙，以防兽害和避免闲杂人员进入场区。有条件的养殖场还可设防疫沟，沟深1.7～2.0m、宽1.3～1.5m，用砖或石头砌沟壁，内壁应光滑不透水，必要时可往沟内放水。建议在养殖场周围种植防护林，既可防风又能起到防疫隔离作用。

养殖场内根据生物安全要求的不同，划分生活区、生产管理区、生产区和隔离区，各区之间应设较低的围墙或结合绿化培植隔离林带。生活区和生产管理区与外界有较多联系，应距生产区有50m以上的距离，最好独成一院，设消毒设备的专用门。兽医院（室、间）、新购入种畜禽的饲养观察室、储粪池、粪尿处理设施、病畜隔离舍及尸坑等都属于隔离区，应设置在生产区的下风向且地势最低的地方，远离生产区。隔离区四周应有天然或人工隔离屏障，如围墙、栅栏或隔离林带，专门设立单独的道路与出入口。

三、限制进出隔离

要完善门卫制度，把好防疫的第一道关口。非单位人员禁止入内并谢绝参观，经批准进入的外来人员要进行登记。严格限制外来人员、车辆等进出场区，必须进入时，要严格进行消毒，不允许来访者在不采取任何预防措施的情况下进入场区。

生产区严禁工作人员及业务主管部门专业人员以外的人员进入，生产区内使用的车辆禁止离开生产区使用，运输饲料、动物的车辆应定期进行消毒。售猪台要修建于生产区外，不允许脏车进出生产区，不允许生产工人接触购猪车辆。

养殖场工作人员禁止任意离开场区，必须离场时，离进场要在门卫处做好登记检查。员工外出回场要有一定的隔离时间才能进入生产区，而且进入生产区之前要在生活区洗澡，彻底换洗衣服后，穿干净衣服进入并严格进行消毒。从疫区回来的外出人员要在家隔离1个月方可回场上班。

四、场内各畜群之间隔离

养殖场要执行"全进全出"制和单向生产流程，不同批次畜禽不能混养。场内畜禽舍布局应根据科学合理的生产流程确定，各生产单位应单设，并严密隔离，严禁一舍多用，严禁交叉和逆向操作。畜禽分群、转群和出栏后，栋舍要彻底进行清扫、冲洗和消毒，并空舍5～7d，方可调入新的畜禽。不同年龄的畜禽最好不要集中在一个区域，各阶段畜禽舍之间应有足够的卫生防疫间距。饲养、兽医及其他工作人员，要建立严格的岗位责任制，专人专舍专岗，严禁擅自串舍串岗。主管技术人员在不同单元区之间来往应遵从清洁区至污染区、从日龄小的畜群到日龄大的畜群的顺序。

新引进的畜禽是疾病传入的途径之一，特别是购进无临床症状的带毒畜禽可造成巨大损失。为减少上述危险性，每个具一定规模的养殖场都应建立隔离检疫舍，所引进的种畜禽在此隔离观察4～6周。隔离饲养区应当相对独立，隔离检疫舍与普通饲养区间隔至少100m，其供水及排水系统应独立于普通饲养区之外，避免与普通饲养区交叉污染。隔离区的饲养管理人员回普通饲养区必须重新淋浴、更换干净的场内工作服及雨鞋后，才能进入原场区工作。

II 消毒设施与设备

一、消毒设施

（一）车辆消毒

在养殖场入口处供车辆通行的道路上应设消毒池，池内放入 2%～4% 氢氧化钠溶液，2～3d 更换 1 次。北方冬季消毒池内的消毒液应换用生石灰。消毒池宽度应与门的宽度相同；长度以能使车轮通过两周的长度为佳，一般在 2m 以上；池内药液的深度以车轮轮胎可浸入 $\frac{1}{2}$ 为宜，为 10～15cm。进场车辆（运载畜禽及送料车辆）每次可用 3%～5% 来苏儿或 0.3%～0.5% 过氧乙酸溶液喷洒消毒或擦拭。

使用车辆前后需在指定的地点进行消毒。运输途中未发生传染病的车辆进行一般的粪便清除和热水洗刷即可，发生或有感染一般传染病可能性的车辆应先清除粪便，用热水洗刷后还要进行消毒，处理程序是先清除粪便、残渣及污物，然后用热水自车厢顶棚开始，再至车厢内外进行冲洗，直至洗水不呈粪黄色为止，洗刷后进行消毒；运输过程中发生恶性传染病的车厢、用具应经 2 次以上的消毒，并在每次消毒后再用热水清洗，处理程序是先用有效消毒液喷洒消毒后再彻底清扫，清除污物 0.5h 后再用消毒液喷洒，然后间隔 3h 左右用热水冲刷后正常使用。

（二）人员消毒

人员是畜禽疾病传播中最危险、最常见也最难以防范的传播媒介，必须靠严格的消毒制度并配合设施进行有效控制。

在养殖场大门入口处应设人员消毒通道。消毒通道可设为巷道式或封闭式，巷道式消毒通道内有消毒池和气雾消毒装置；封闭式消毒通道也可作为消毒室，配置沐浴、紫外线消毒、气雾消毒、消毒池等设备，消毒更彻底。

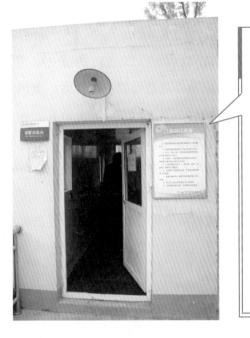

在生产区入口处要设置更衣室与消毒室。更衣室内设置淋浴设备，消毒室内设置消毒池、紫外线消毒灯或气雾消毒装置。工作人员进入生产区要淋浴，更换干净的工作服、工作靴，并通过消毒池对靴子进行消毒，同时要接受紫外线消毒灯照射 5 ～ 10min 或进行气雾消毒。

生产区出入口与各舍门口均应设置消毒池或消毒槽，使用 2%～ 3%氢氧化钠溶液或含氯消毒制剂，水深至少 15cm，每 4 ～ 7d 更换 1 次，进出时工作靴浸泡于消毒槽至少 20s。工作人员进入或离开每一栋舍要养成用消毒液清洗双手、踏消毒池消毒鞋靴的习惯。

（三）畜禽舍消毒

1. 鸡舍消毒

（1）空舍消毒　空舍消毒的程序及方法如下：

1）清扫　在鸡舍饲养结束时，将鸡舍内的鸡全部移走，清除存留的饲料，将地面的污物清扫干净，铲除鸡舍周围的杂草，并将其一并送往堆集垫料和鸡粪处。将可移动的设备运输到舍外，清洗暴晒后置于洁净处备用。

2）洗刷　用高压水枪冲洗舍内的天棚、四周墙壁、门窗、笼具及水槽和料槽，达到去尘、湿润物体表面的作用。用清洁刷将水槽、料槽和料箱的内外表面污垢彻底清洗；用扫帚刷去笼具上的粪渣；铲除地表上的污垢，再用清水冲洗，反复 2 ～ 3 次。

3）冲洗消毒　鸡舍洗刷后，用酸性和碱性消毒剂交替消毒，使耐酸或耐碱细菌均能被杀灭。一般使用酸性消毒剂，用水冲洗后再用碱性消毒剂，最后应清除地面上的积水，打开门窗风干鸡舍。

4）粉刷消毒　对鸡舍不平整的墙壁用10％～20％氧化钙乳剂进行粉刷，现配现用。同时用1kg氧化钙加350mL水，配成乳剂洒在阴湿地面、笼下粪池内，在地与墙的夹缝处和柱的底部涂抹杀虫剂，确保杀死进入鸡舍内的昆虫。

5）火焰消毒　用专用的火焰消毒器或火焰喷灯对鸡舍的水泥地面、金属笼具及距地面1.2m的墙体进行火焰消毒，各部分火焰灼烧达3s以上。

6）熏蒸消毒　鸡舍清洗干净后，紧闭门窗和通风口，舍内温度要求18～25℃，相对湿度在65％～80％，用适量的消毒剂进行熏蒸消毒，密封3～7d后打开通风。

（2）带鸡消毒　带鸡消毒是定期把消毒液直接喷洒在鸡体上的一种消毒方法。此法可杀死或减少舍内空气中的病原体，沉降舍内的尘埃，维持舍内环境的清洁度，夏季可防暑降温。

消毒时要求雾滴直径为80～100mm。小型禽场可使用一般农用喷雾剂，大型禽场使用专门喷雾装置。雏鸡两天进行1次带鸡消毒，中鸡和成鸡每周进行1次带鸡消毒。

2. 猪舍消毒

（1）空舍消毒　猪群全部转出（淘汰）后，应将猪粪垫料、杂物等彻底清除干净，舍内外地面、墙壁、房顶、屋架及猪笼、隔网、料盘等设备喷水浸泡，随后用高压水冲洗干净，必要时可在水中加上去污剂进行刷洗。不能用水冲洗的设备、用具应擦拭干净。待猪舍干燥后用0.5％过氧乙酸溶液等消毒药液喷洒地面、墙壁、设备、用具等；地面垫料平养的猪舍进垫料后，可用0.5％～2％碘制剂喷洒消毒1次，以防垫料霉变和杀灭细菌、原虫等。然后用福尔马林28mL／m³（也可再加入14g高锰酸钾）加热熏蒸消毒24d以上，通风24h，空闲10～14d后方可使用。猪舍闲置应在1月以上，使用前10d，应重新熏蒸消毒1次。对猪舍的操作间、走道、门庭等每天清理干净，并用消毒液喷洒消毒。

（2）带猪消毒　带猪消毒对环境的净化和疾病的防治具有不可低估的作用。可选择对猪的生长发育无害而又能杀灭微生物的消毒药，如过氧乙酸、次氯酸钠、百毒杀等。用这些药液带猪消毒，不仅能降低舍内的尘埃，抑制氨气的产生和吸附氨气，使地面、墙壁、猪体表和空气中的细菌量明显减少，猪舍和猪体表清洁，还能抑制地面有害菌和寄生虫、蚊蝇等的滋生，夏天还有防暑降温功效。一般每周带猪消毒1次，连续使用几周后要更换另一种药，以便取得更好的预防效果。

3. 牛、羊舍消毒

（1）牛、羊舍的消毒　健康的牛、羊舍可使用3％漂白粉溶液、3％～5％硫酸石炭酸合剂热溶液、15％新鲜石灰混悬液、4％氢氧化钠溶液、2％甲醛溶液等消毒。

已被病原微生物感染的牛、羊舍，应对其运动场、舍内地面、墙壁等进行全面彻底消毒。消毒时，首先将粪便、垫草、残余饲料、垃圾加以清扫，堆放在指定地点发酵或焚烧（深埋）。对污染的土质地面用10％漂白粉溶液喷洒，掘起表土30cm，撒上漂白粉，与土混合后将其深埋，对水泥地面、墙壁、门窗、饲槽等用0.5％百毒杀喷淋或浸泡消毒，畜禽舍再用3倍浓度的甲醛溶液和高锰酸钾溶液进行熏蒸消毒。

（2）牛体表消毒　牛体表消毒主要由体外寄生虫侵袭的情况决定。养牛场要在夏季各检查1次虱子等体表寄生虫的侵害情况，对蠕形螨、蜱、虻等的消毒与治疗见表40。

表40　牛体表消毒药剂名称、用量及注意事项

寄生虫	药剂名称及用量	注意事项
蠕形螨	14％碘酊涂擦皮肤，如有感染，采用抗生素治疗	定期用氢氧化钠溶液或新鲜石灰乳消毒圈舍，对病牛舍的围墙用喷灯火焰杀螨
蜱	0.5％～1％敌百虫、氰戊菊酯、溴氰菊酯溶液喷洒体表	注意药量，注意灭蜱和避蜱放牧
虻	敌百虫等杀虫药剂喷洒	

（3）羊体表消毒　体表给药可杀灭羊体表的寄生虫或微生物，有促进黏膜修复的生理功能。常用的方法有药浴、涂擦、洗眼、点眼等。

4. 道路消毒

场区各周围的道路每周要打扫1次；场内净道每周用3％氢氧化钠溶液等药液喷洒消毒1次，在有疫情发生时，每天消毒1次；脏道每月喷洒消毒1次；畜禽舍周围的道路每天清扫1次，并用消毒液喷洒消毒。

5. 场地消毒

场内的垃圾、杂草、粪污等废弃物应及时清除，在场外进行无害化处理。

堆放过的场地，可用0.5%过氧乙酸或0.3%氢氧化钠药液喷洒消毒；运动场在消毒前，应将表层土清理干净，然后用10%～20%漂白粉溶液喷洒，或用火焰消毒。

二、消毒设备

（一）臭氧消毒设备

臭氧消毒机原理：以空气为原料，采用缝隙陡变放电技术释放高浓度臭氧，在一定浓度下，可迅速杀灭水中及空气中的各种有害细菌。臭氧消毒机如图42所示。

图42　臭氧消毒机

（二）喷雾消毒设备

该喷雾器主要用于畜禽舍内部的大面积消毒和生产区入口处理的消毒。在对畜禽舍进行带动物消毒时，可沿每列笼上部（距笼顶距离超过1m）装设水管，每隔一定距离安置一个喷头；用于车辆消毒时可在不同位置设置多个喷头，以便对车辆进行彻底的消毒。该设备的主要零部件包括固定式水管和喷头、压缩泵、药液桶等。因雾粒大小对禽的呼吸有影响，应按禽龄的不同选择合适的喷头。喷雾消毒设备见图43、图44。

图43　养殖场人员消毒通道

图44　车辆消毒通道和消毒池

（三）紫外线消毒灯

为了防止细菌或病菌随人员进入养殖场生产区，应在门卫或传达室处设置紫外线消毒设备，进行消杀。紫外线消毒，就是用紫外线杀灭细菌繁殖体、芽孢、分枝杆菌、冠状病毒、真菌、立克次体和衣原体等，凡被上述病毒污染的物体表面、水和空气，均可采用紫外线消毒。紫外线灯如图45所示。

图45　紫外线消毒灯

（四）兽医常用器具的消毒灭菌设备

1. 酒精灯

酒精灯是以酒精（乙醇）为燃料的加热工具，广泛用于实验室、工厂、医疗机构、科研机构等。由于其燃烧过程中不会产生烟雾，因此也可以通过对器械的灼烧达到灭菌的目的。又因酒精灯在燃烧过程中产生的热量，可以对其他实验材料加热。它的加热温度达到 $400 \sim 1\,000℃$，且安全可靠。酒精灯又分为挂式酒精喷灯和坐式酒精喷灯以及本文所提到的常规酒精灯，实验室一般以玻璃材质最多，其主要由灯体、棉灯绳（棉灯芯）、瓷灯芯、灯帽和酒精构成，如图 46 所示。

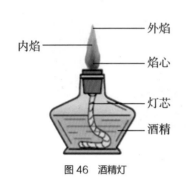

图 46　酒精灯

图 47　高压灭菌锅

2. 高压灭菌锅

高压灭菌锅又名高压蒸汽灭菌锅，如图 47 所示，可分为手提式灭菌锅和立式高压灭菌锅。其可利用电热丝加热水产生蒸汽，并能维持一定压力。主要有一个可以密封的桶体、压力表、排气阀、安全阀、电热丝等组成。压力表用来指示压力显示；排气阀是排气装置；安全阀作用为超过额定压力时，释放压力；电热丝加热水产生蒸汽；手轮作用为旋转罗盘式开启盖门，简单方便；密封圈为自胀式密封圈；蒸汽收集瓶收集蒸汽。

3. 环氧乙烷灭菌器

环氧乙烷是一种高效的气体灭菌剂，广泛运用于湿热敏感的医疗器械的灭菌处理。其液态和气态都具有灭菌效力，但是以气态作用更加有效，故实际使用多以其气态作为灭菌介质。环氧乙烷强大的灭菌作用主要通过其与微生物中的蛋白质、DNA/RNA 等遗传物质发生非特异性烷基化作用，导致蛋白质和遗传物质发生变性，最终导致微生物新陈代谢受阻而死亡。在环氧乙烷发生水解反应时，其还可转换为乙二醇。乙二醇也具有一定的杀菌作用。

适用于压力计、外科手术器械、针头、橡胶制品如导管、外科手套等，塑料制品如气道插管、扩张器、气管内插管、手套、喷雾器、培养皿等，线形探条、温度计、缝线等的消毒灭菌。环氧乙烷灭菌器如图 48 所示。

图48 环氧乙烷灭菌器

（五）冲洗消毒设备

1. 移动式冲洗消毒设备

孵化场一般采用高压的水枪清洗地面、墙壁及设备。目前有多种型号的国产冲洗设备，如喷射式清洗机，很适于孵化场的冲洗作业。它可转换成3种不同压力的水柱："硬雾""中雾""软雾"。"硬雾"用于冲洗地面、墙壁、蛋盘车、出雏车及其他车辆；"中雾"用于冲洗孵化机外壳、出雏盘和孵化蛋盘；"软雾"可冲洗入孵器和出雏器内部。喷射式清洗机如图49所示。高压冲洗消毒器如图50所示。

图49 喷射式清洗机图

50 高压冲洗消毒器

2. 畜禽舍固定管道喷雾消毒设备

这是一种用机械代替人工喷雾的设备，主要由泵组、药液箱、输液管、喷头组件和固定架等构成。饲养管理人员手持喷雾器进行消毒，劳动强度大，消毒剂喷洒不均匀。

采用固定式机械喷雾消毒设备，只需2～3min即可完成整个畜禽舍消毒工作，药液喷洒均匀。固定管道喷雾设备安装时，根据禽舍跨度确定装几列喷头，　一般6m以下装一列，7～12m为两列，喷头组件的距离以每4～5m装组为宜。此设备在夏季与通风设备配合使用，还可降低舍内温度3～4℃，配上高压喷枪还可作清洗机使用。

（六）火焰消毒器

火焰消毒器主要用于畜禽群淘汰后舍内笼网设施的消毒，常用的是手压式喷雾器，它主要由储油罐、油管、阀门、火焰喷嘴、燃烧器等组成。该设备结构简单、易操作、安全可靠，消毒效果好，喷嘴可更换，主要是使用液化石油气、煤油和柴油，手压式工作压力为205～510kPa，喷孔向外形成锥体，便于发火。操作时，最好戴防护眼镜，并注意防火。如图51、图52所示。

图51　火焰消毒器

图52　火焰消毒器

（七）超声波消毒机

超声波消毒通道发雾机是由离心式发雾器采用先进的离心雾化原理制成的，主机启动时间短，上雾速度快，使消毒液在旋转碟和雾化装置作用下利用离心力多次雾化产生微雾的效果并通过风机使微雾喷出，进行雾化消毒。这种设备雾化效果强劲，雾化量大，雾滴微小，悬浮力、覆盖力强，雾滴立体全面包裹被消毒对象，能够实现无死角消毒（图53）。

图53　超声波消毒设备

III 污物无害化处理设施

一、固态粪污好氧堆肥工艺与设施

工艺流程见图54。

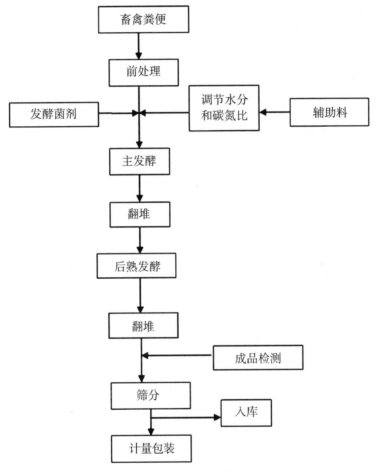

图54 好氧堆肥工艺流程

1. 前处理

在以畜禽粪便为堆肥原料时，前处理主要是调整水分和碳氮比（C/N）。调整后应符合下列要求：粪便的起始含水率应为40%～60%；碳氮比应为（20～30）：1，可通过添加植物秸秆、稻壳等物料进行调节，必要时需添加菌剂和酶制剂；pH应控制在6.5～8.5。前处理还包括破碎、分选、筛分等工序，这些工序可去除粗大垃圾和不能堆肥的物质，使堆肥原料和含水率达到一定程度的均匀化，同时使原料的表面积增大，更便于微生物的繁殖，提高发酵速度。从理论上讲，粒径越小越容易分解。但是，考虑到在增加物料表面积的同时，还必须保持一定的孔隙率，以便于通风而使物料能够获得充足的氧气。一般而言，适宜的粒径是 12～60mm。

2. 主发酵

主发酵可在露天或发酵装置内进行，通过翻堆或强制通风向堆积层或发酵装置内供给氧气，在原料和土壤中存在的微生物作用下开始发酵。首先是易分解物质分解，产生二氧化碳和水，同时产生热量，使堆温上升，这时微生物吸取有机物的硫氮营养成分，在自身繁殖的同时，将细胞中吸收的物质分解而产生热量。发酵初期物质的分解作用是靠嗜温菌 30～40℃为其最适宜生长温度）进行的，随着堆温的上升，适宜 45～65℃生长的嗜热菌取代了嗜温菌。通常，将温度升高到开始降低为止的阶段为主发酵阶段。以生活垃圾和畜禽粪尿为主体的好氧堆肥，主发酵期为 4～12d。

3. 后发酵

经过主发酵的半成品被送到后发酵工序，将主发酵工序尚未分解的有机物进一步分解，使之变成腐殖酸、氨基酸等比较稳定的有机物，得到完全成熟的堆肥制品。通常，把物料堆积到 1～2m 高以进行后发酵，并要有防雨水流入的装置，有时还要进行翻堆或通风。后发酵时间的长短，决定于堆肥的使用情况。例如，堆肥用于温床（能够利用堆肥的分解热）时，可在主发酵后直接使用；对几个月不种作物的土地，大部分可以不进行后发酵而直接施用；对一直在种作物的土地，则要使堆肥发酵到能不致夺取土壤中氮的程度。后发酵通常在 20～30d。

4. 储存

堆肥一般在春、秋两季使用，夏、冬两季生产的堆肥只能储存，所以要建立储存 6 个月生产量的库房。储存时可直接堆存在二次发酵仓中或袋装，这时要求干燥而透气，如果密闭和受潮则会影响制品的质量。

5. 脱臭

在堆肥过程中，由于堆肥物料局部或某段时间内的厌氧发酵会导致臭气产生，污染工作环境，因此，必须进行堆肥排气的脱臭处理。去除臭气的方法主要有化学除臭剂除臭、碱水和水溶液过滤、熟堆肥或活性炭、沸石等吸附剂过滤。较为常用的除臭装置是堆肥过滤器，臭气通过该装置时，恶臭成分被熟化后的堆肥吸附，进而被其中好氧微生物分解而脱臭。也可用特种土壤代替熟堆肥使用，这种过滤器叫土壤脱臭过滤器。若条件许可，也可采用热力法，将堆肥排气（含氧量约为18％）作为焚烧炉或工业锅炉的助燃空气，利用炉内高温、热力降解臭味分子，消除臭味。

（二）好氧堆肥方法与设施

目前，好氧堆肥方法应用较普遍的通常有5种：翻堆式条堆法、静态条堆法、发酵槽发酵法、卧式滚筒发酵法与塔式发酵法。

1. 翻堆式条堆法

将畜禽粪便、谷糠粉等物料和发酵菌经搅拌充分混合，水分调节在55％～65％，堆成条堆状（图55）。典型的条形堆宽为4.5～7.5m，高为3～3.5m，长度不限，但最佳尺寸要根据气候条件、翻堆设备、原料性质而定。每2～5d可用机械或人工翻垛1次，35～60d腐熟。此种形式的特点是投资较少，操作简单，但占地面积较大，处理时间长，易受天气的影响。

图55　翻堆式条堆法

2. 静态条堆法

这是翻堆式条堆法的改进形式，与翻堆式条堆法的不同之处在于：堆肥过程中不通过物理的翻堆进行供氧，而是通过专门的通风系统进行强制供氧。通风供氧系统是静态条堆法的核心，它由高压风机、通风管道和布气装置组成。根据是正压还是负压通风，可把强制通风系统分成正压排气式和负压吸气式两种（图56）。静态条堆法的优点在于：相对于翻堆式条堆法，其温度及通气条件能得到更好控制；产品稳定性好，能更有效地杀灭病原菌及控制臭味；堆腐时间相对较短，一般为 2 ～ 3 周；由于堆腐期相对较短，占地面积相对较小。

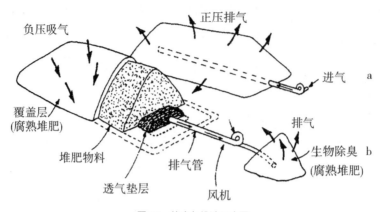

图56　静态条堆法示意图

a.正压排气通风　b.负压吸气通风

3. 发酵槽发酵法

此法是将待发酵物料按照一定的堆积高度放在一条或多条发酵槽内，在堆肥化过程中根据物料腐熟程度与堆肥温度的变化，每隔一定时期，通过翻堆机对槽内的物料进行翻动，让物料在翻动过程中能更好地与空气接触（图57）。翻堆机通常由两大部分组成：大车行走装置及小车旋转桨装置，大车及小车带动旋转桨在发酵槽内不停地翻动，翻堆机的纵横移动把物料定期向出料端移动。此种发酵方法操作简单，发酵时间较短，一般为 7 ～ 10d。

4. 卧式滚筒发酵法

卧式滚筒发酵有多种形式，其中典型的为达诺滚筒。达诺滚筒（图58）设有驱动装置，安装成与地面倾斜 1.5° ～ 3°，采用皮带输送机将物料送入滚筒，滚筒定时旋转，一方面使物料在翻动中补充氧气，另一方面，由于滚筒是倾斜的，在滚筒转动过程中，物料由进料端缓慢向出料端移动。当物料移出滚筒时，已经腐熟。该形式结构简单，可以采用较大粒度的物料，生产效率较高。

图57　发酵槽发酵法

图58　达诺滚筒

5. 塔式发酵法

塔式发酵法主要有多层搅拌式发酵塔和多层移动床式发酵塔两种。多层搅拌式发酵塔（图59）被水平分隔成多层，物料从仓顶加入，在最上层靠内拨旋转搅拌耙子的作用，边搅拌翻料，边向中心移动，然后从中央落下口下落到第二层。在第二层的物料则靠外拨旋转搅拌耙子的作用，从中心向外移动，并从周边的落下口下落到第三层，以下依此类推。可从各层之间的空间强制鼓风送气，也可不设强制通风，而靠排气管的抽力自然通风。塔内前二、三层物料受发酵热作用升温，嗜温菌起主要作用，到第四、第五层进入高温发酵阶段，嗜热菌起主要作用。通常全塔分5～8层，塔内每层上物料可被搅拌器耙成垄沟形，可增加表面积，提高通风供氧效果，促进微生物氧化分解活动。一般发酵周期为5～8d，若添加特殊菌种作为发酵促进剂，可使堆肥发酵时间缩短到2～5d。这种发酵仓的优点在于搅拌很充分，但旋转轴扭矩大，设备费用和动力费用都比较高。除了通过旋转搅拌耙子搅拌、输送物料外，也可用输送带、活动板等进行物料的传送，利用物料自身重力向下散落，实现物料的混合和获得氧气。多层移动床式发酵塔工作过程与多层搅拌式发酵塔基本相同。

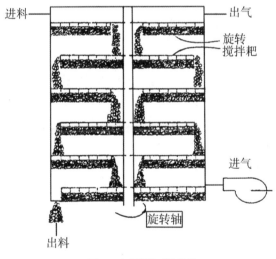

图59 多层搅拌式发酵塔

二、污水处理工艺与设施

（一）固液分离技术与设施

1. 筛式分离

筛式分离是利用机械截留作用，以分离或回收废水中较大的固体污染物质。

根据筛子的性状和运动状态又可分固定斜筛、振动平筛和滚筒筛。

固定斜筛是静止的斜置筛，液粪通过时可阻留固态部分，漏下液态部分。固定斜筛能阻留液粪内约58%的固体量，但阻留的固态部分仍很稀，含水率达86%～90%。振动平筛是由振动器引起振动的平置筛板，能漏下液粪的液态部分，阻留固态部分。振动平筛能阻留液粪的固体量少于固定斜筛，阻留的固态部分含水率稍低，但含水率仍高达85%。滚筒筛是低速回转的筛状滚筒，滚筒回转并同时振动，工作时液粪进入滚筒内，将液体部分漏出而达到分离的目的。滚筒筛分离出的固态部分也很稀，含水率为85%。

2. 离心式分离

离心式分离是靠固态部分和液态部分的密度不同来分离液粪，分离出的固态部分较干，含水率为67%～70%。

3. 压滚式分离

压滚式分离是用胶辊和带孔滚筒挤压液粪，液粪的液态部分由滚筒的孔眼中漏出，达到分离的目的。分离出的固态部分较干，含水率为70%～74%。

国外应用较多的是离心式和压滚式分离，前者用于猪粪、鸡粪的分离，后者用于牛粪的分离。

（二）污水厌氧生物处理工艺与设施

1. 上流式厌氧污泥床反应器

上流式厌氧污泥床反应器（UASB）如图60所示。废水自下而上地通过厌氧污泥床反应器，在反应器的底部有一个高浓度、高活性的污泥层，大部分的有机物在这里被转化为甲烷和二氧化碳。由于气态产物（消化气）的搅动和气泡黏附污泥，在污泥层之上形成一个污泥悬浮层。反应器的上部设有三相分离器，完成气、液、固三相的分离。被分离的消化气从上部导出，被分离的污泥则自动没落到悬浮污泥层，出水则从澄清区流出。

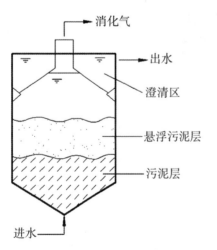

图60　上流式厌氧污泥床反应器示意图

上流式厌氧污泥床反应器的优点是：反应器内的污泥浓度高，水力停留时间短；反应器内设三相分离器，污泥自动回流到反应区，无须污泥回流设备，无须混合搅拌设备；污泥床内不需要填充载体，节省造价且避免堵塞。缺点是反应器内有短流现象，影响处理能力；难消化的有机固体、悬浮物不宜太高；运行启动时间长，对水质和负荷变化较敏感。

2. 完全混合厌氧反应器

完全混合厌氧反应器（CSTR）的工作原理是在一个密闭罐体内完成料液发酵并产生沼气。反应器内安装有搅拌装置，使发酵原料和微生物处于完全混合状态。投料方式采用恒温连续投料或半连续投料。新进入的原料由于搅拌作用很快与反应器内的全部发酵液菌种混合，使发酵底物浓度始终保持相对较低状态。为了提高产气率，通常需对发酵料液进行加热，一般用在反应器外设热交换器的方法间接加热或采用蒸汽直接加热。

完全混合厌氧反应器的优点是投资小、运行管理简单，适用于悬浮固体含量较高的污水处理；缺点是容积负荷率低，效率较低，出水水质较差。

3. 升流式固体厌氧反应器

升流式固体厌氧反应器（USR）如图61所示，是一种结构简单、适用于高悬浮固体有机物原料的反应器。原料从底部进入消化器内，与消化器里的活性污泥接触，使原料得到快速消化。未消化的有机物固体颗粒和沼气发酵微生物靠自然沉降滞留于消化器内，上清液从消化器上部溢出，这样可以得到比水力滞留期高得多的固体滞留期和微生物滞留期，从而提高了固体有机物的分解率和消化器的效率。

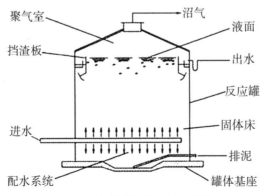

图61 升流式固体厌氧反应器示意图

升流式固体厌氧反应器处理效率高，不易堵塞，投资较省、运行管理简单，容积负荷率较高，适用于含固量很高的有机废水。缺点是结构限制相对严格，单体体积较小。

（三）污水好氧生物处理工艺与设施

1. 活性污泥法

好氧活性污泥法又称曝气法，是以废水中的有机污染物作为培养基（底物），在人工曝气充氧的条件下，对各种微生物群体进行混合连续培养，使之形成活性污泥，并利用活性污泥在水中的凝聚、吸附、氧化、分解和沉淀等作用，去除废水中的有机污染物的废水处理方法。工艺流程见图62。

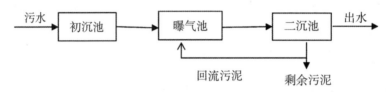

图62 好氧活性污泥法工艺流程

2. 序批式活性污泥法

序批式活性污泥法（SBR）是活性污泥法的一个变形，它的反应机制以及污染物质的去除机制与传统活性污泥基本相同，仅运行操作不同。SBR工艺是按时间顺序进行进水、反应（曝气）、沉淀、出水、排泥等5个程序操作，从污水的进入开始到排泥结束称为一个操作周期，一个周期均在一个设有曝气和搅拌装置的反应器（池）中进行。这种操作通过微机程序控制周而复始反复进行，从而达到污水处理的目的。

SBR工艺最显著的工艺特点是不需要设置二沉池和污水、污泥回流系统；通过程序控制合理调节运行周期使运行稳定，并实现除磷脱氮；占地少，投资省，基建和运行费低。

3. 氧化沟

氧化沟又名氧化渠，因其构筑物呈封闭的环形沟渠而得名。它是活性污泥法的一种变形。该工艺使用一种带方向控制的曝气和搅动装置，向反应池中的物质传递水平速度，从而使被搅动的污水和活性污泥在闭合式渠道中循环。

氧化沟法的特点是有较长的水力停留时间，较低的有机负荷和较长的污泥龄；相比传统活性污泥法，可以省略调节池、初沉池、污泥消化池，处理流程简单，操作管理方便；出水水质好，工艺可靠性强；基建投资省，运行费用低。

但是，在实际的运行过程中，仍存在一系列的问题，如流速不均及污泥沉积问题、污泥上浮问题等。

（四）污水自然生物处理工艺与设施

1. 人工湿地

人工湿地是由人工建造和控制运行的与沼泽地类似的地面。将污水、污泥有控制地投配到经人工建造的湿地上，污水与污泥在沿一定方向流动的过程中，主要利用土壤、人工介质、植物、微生物的物理化学生物三重协同作用，对污水、污泥进行处理。其作用机制包括吸附、滞留、过滤、氧化还原、沉淀、微生物分解、转化、植物遮蔽、残留物积累、蒸腾水分和养分吸收及各类动物的作用。

人工湿地处理系统可以分为以下几种类型：自由水面人工湿地处理系统、人工潜流湿地处理系统、垂直水流型人工湿地处理系统。具有缓冲容量大、处理效果好、工艺简单、投资省、运行费用低等特点。

人工湿地适用于有地表径流和废弃土地、常年气温适宜的地区，选用时进水悬浮固体浓度宜控制为小于500mg/L，应根据污水性质及当地气候、地理实际状况，选择适宜的水生植物。

2. 土地处理系统

土地处理系统是通过土壤的物理、化学作用以及土壤中微生物、植物根系的生物学作用，使污水得以净化的自然与人工相结合的污水处理系统。土地处理系统通常由废水的预处理设施、储水湖、灌溉系统、地下排水系统等部分组成。处理方式有地表漫流、灌溉、渗滤3种。采用土地处理应采取有效措施，防止污染地下水。土地处理的水力负荷应根据试验资料确定。

3. 稳定塘

稳定塘也称氧化塘或生物塘，是一种利用天然净化能力对污水进行处理的构筑物的总称。其净化过程与自然水体的自净过程相似。通常是将土地进行适当的人工修整，建成池塘，并设置围堤和防渗层，依靠塘内生长的微生物及菌藻的共同作用来处理污水。

稳定塘污水处理系统能充分利用地形，结构简单，可实现污水资源化和污水回收及再用，具有基建投资和运转费用低、运行维护简单、便于操作、无须污泥处理等优点。缺点是占地面积过多；气候对稳定塘的处理效果影响较大；若设计或运行管理不当，则会造成二次污染。

稳定塘适用于有湖、塘、洼地可供利用且气候适宜、日照良好的地区。蒸发量大于降水量地区使用时，应有活水来源，确保运行效果。稳定塘宜采用常规处理塘，如兼性塘、好氧塘、水生植物塘等。

三、畜禽尸体处理方法与设施

（一）毁尸池

毁尸池修建在远离养殖场的下风向。养鸡场典型的毁尸池一般长2.5～3.6m，宽1.2～1.8m，深1.2～1.48m。养猪场的毁尸池一般为圆柱形，直径3m左右，深10m左右；或者为方形，边长3～4m，深6.5m左右。池底及四周用钢筋混凝土建造或用砖砌后抹水泥，并做防渗处理；顶部为预制板，留一入口，做好防水处理。入口处高出地面0.6～1.0m，平时用盖板盖严。池内加氢氧化钠等杀菌消毒药物，放进尸体时也要喷洒消毒药后再放入池内。

（二）深埋法

在小型养殖场中，若暂时没有建毁尸池，对不是因为烈性传染病而死的畜禽可以采用深埋法进行处理。深埋法是在远离养殖场的地方挖2m以上的深坑，在坑底撒一层生石灰，放入死畜禽，在最上层死畜禽的上面再撒一层生石灰，最后用土埋实。深埋法是传统的死畜禽处理方法，容易造成环境污染，并且有一定的隐患，养殖场要尽量少用深埋法；若临时要采用时，也一定要选择远离水源、居民区的地方，且要在养殖场的下风向，离养殖场有一定距离。

（三）高温分解法

将死畜禽放入高温、高压蒸汽消毒机中，高温、高压的蒸汽使死畜禽中的脂肪熔化，蛋白质凝固，同时杀灭病菌和病毒。分离出的脂肪可作为工业原料，其他可作为肥料。这种方法投资大，适合大型养殖场。

（四）焚烧法

焚烧法是将畜禽尸体投入焚化炉焚烧，使其成为灰烬。用焚烧法处理尸体消毒最为彻底，但需要专门的设备，消耗能源。焚烧法一般适用于处理具有传染性疾病的畜禽尸体。

IV 疫病监测设备

一、酶标仪

酶标仪见图63，实际上就是一台变相的专用光电比色计或分光光度计，其基本工作原理与主要结构和光电比色计基本相同。其核心是一个比色计，即用比色法来分析抗原或抗体的含量。当光通过被检测物，前后的能量差异即是被检测物吸收掉的能量，特定波长下，统一被检测物的浓度与被吸收物的能量成定量关系。酶标仪的检测单位用OD（光密度）值表示，表示被检测物吸收掉的光密度。

图63 酶标仪

酶标仪可分为单通道和多通道两种类型，单通道又有自动型和手动型两种之分，自动型的仪器有X、Y方向的机械驱动机构，可将微孔板上的小孔一个个依次送入光束下面测试，手动型则靠手工移动微孔板来进行测量。

在单通道酶标仪的基础上又发展了多通道酶标仪，此类酶标仪一般都是自动化型的，它设有多个光束和多个光电检测器。如12个通道的仪器设有12个光束或12个光源、12个检测器和12个放大器，在X方向机械驱动装置作用下，样品以12个为一组被检测物，多通道酶标仪的检测速度快，但其结构较复杂，造价也较高。

二、聚合酶链式反应仪（PCR仪）

1. 普通PCR仪

把一次PCR扩增只能运行一个特定退火温度的PCR仪，叫传统的PCR仪，也叫普通PCR仪，见图64。如果要做不同的退火温度需要多次运行。主要是做简单的、对目的基因退火温度的扩增。该仪器主要应用于科研研究、教学、医学临床、检验检疫等机构。

2. 梯度 PCR 仪

把一次性 PCR 扩增可以设置一系列不同的退火温度条件（温度梯度），通常有 12 种温度梯度，这样的仪器就叫梯度 PCR 仪，见图 65。因为被扩增的不同 DNA 片段，其最适退火温度不同，通过设置一系列的梯度退火温度进行扩增，从而一次性 PCR 扩增，就可以筛选出表达量高的最适退火温度，进行有效的扩增。主要用于研究未知 DNA 退火温度的扩增，这样在节约成本的同时也节约了时间。主要用于科研、教学机构。梯度 PCR 仪在不设置梯度的情况下也可以做普通 PCR 扩增。

图 64　普通 PCR 仪　　　　　图 65　梯度 PCR 仪

3. 原位 PCR 仪

原位 PCR 仪是用于细胞内靶标 DNA 的定位分析的细胞内基因扩增仪，如病源基因在细胞的位置或目的基因在细胞内的作用位置等。可保持细胞或组织的完整性，使 PCR 反应体系渗透到组织和细胞中，在细胞的靶标 DNA 所在的位置上进行基因扩增，不但可以检测到靶标 DNA，又能标出靶序列在细胞内的位置，对在分子和细胞水平上研究疾病的发病机理、临床过程及病理的转变有重大的实用价值，见图 66。

4. 实时荧光定量 PCR 仪

在普通 PCR 仪的基础上增加一个荧光信号采集系统和计算机分析处理系统，就成了荧光定量 PCR 仪，见图 67。其 PCR 扩增原理和普通 PCR 仪扩增原理相同，只是 PCR 扩增时加入的引物是利用同位素、荧光素等进行标记，使用引物和荧光探针同时与模板特异性结合扩增。扩增的结果通过荧光信号采集系统实时采集信号，连接输送到计算机分析处理系统，得出量化的实时结果输出，把这种 PCR 仪叫作实时荧光定量 PCR 仪（qPCR 仪）。荧光定量 PCR 仪有单通道、双通道和多通道。当只用一种荧光探针标记的时候，选用单通道，有多荧光标记的时候用多通道。单通道也可以检测多荧光标记的目的基因表达产物，因为一次只能检测一种目的基因的扩增量，需多次扩增才能检测完不同的目的基因片段的量。该仪器主要用于医学临床检测、生物医药研发、食品行业、科研院校等机构。

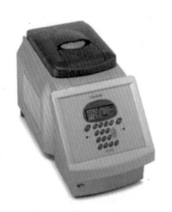
图66　原位 PCR 仪

图67　实时荧光定量 PCR 仪

V　免疫接种设备

一、注射器

1. 注射器的构造与使用

注射器的构造分为乳头、空筒、活塞轴、活塞柄和活塞 5 部分。其规格有 1mL、2mL、5mL、10mL、20mL、30mL、50mL 和 100mL 8 种。针头的构造分为针尖、针梗和针栓 3 部分。注射器及针头的构造见图 68。

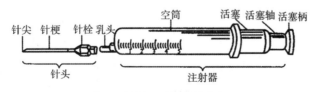
图68　注射器及针头的构造图

注射器的使用：首先应根据实验的具体需要，选择适当的注射器和针头。注射器应完整无裂缝，不漏气。针头要锐利，无钩，无弯曲。注射器与针头要衔接紧密，针尖斜面应与针筒上的刻度在同一水平面上。用前应先检查抽取的药液量是否准确及有无气泡，如有气泡应将其排净。注射时以右手持注射器，持玻璃注射器时切勿倒置。兽用金属注射器见图69。

图69　兽用金属注射器

2. 兽用连续注射器

用于马立克疫苗接种。目前市售有金属连续注射器（图70）及"手枪"式两种。从使用效果来看，前者具有轻便、注射剂量准确、操作时手感舒适、使用寿命长等优点。按进液口分为：前吸式、后吸式、插瓶式。按调节方式分为：连续可调、分挡可调以及双管连续可调。按注射方式分为：连续注射、双管连续注射和连续灌药。规格有0.5mL、1.0mL、2.0mL、3.0mL、5.0mL、10mL、20mL、30mL、50mL 9种规格。

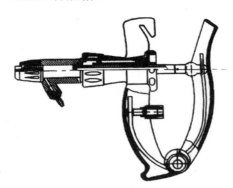

图70　金属连续注射器

3. 自动注射器

全自动快速连续注射器用于马立克疫苗接种，见图71。注射器中绝大多数元器件选用进口器件，每小时可注射3 000～4 000只，注射剂量可调，且剂量准确无泄漏。另还具有自动计数功能，如设定每 100 只为一筐，当计数器显示到 100 时，注射器就会自动发出报警提示，并暂停控制系统工作。它采用一次性注射针头，可防止交叉感染。该注射器具有体积小、重量轻、便于携带、操作简单等优点。

图 71 自动注射器

目前孵化厂使用的自动或半自动注射器多为气动式，部分厂家也有电动式的。气动式自动注射器通过压缩机产生的高压气体驱动机器内部的活塞，模仿注射器的工作原理，完成疫苗的注射。

世界知名的疫苗厂家，比如梅里亚、辉瑞、诗华等企业都会为客户免费提供设备，他们的注射器大同小异，有些厂家的设备安装双针头，一次可以完成两种疫苗的注射，诗华公司有一种设备只有一个针头，但可以同时进行两种疫苗的注射，其工作原理是当完成第一种疫苗注射后并不抽出针头，机器抽取另外一种疫苗通过针头注射到同一部位，从而实现一针两种疫苗的免疫，但使用该方法免疫前要进行两种疫苗的相容性试验。

自动注射器相对于传统的手工针筒注射，效率提高了很多，自动注射器熟练工人，每个小时可完成 4 000 只鸡苗的注射。除了在孵化厂使用的自动注射器外，国外还有一种可对成年鸡进行胸肌注射的设备，该设备也是以压缩气体进行驱动，使用时抓住鸡的翅膀，将胸部按在设备上的注射模具中，其中隐藏的针头在接到信号后，自动完成注射，该设备较人工注射方式提高了免疫质量，漏免的概率非常小。

4. 蛋内注射

蛋内注射技术是指对一定胚龄的鸡胚接种疫苗，使雏鸡出壳时至出壳后几天就具有特异性主动免疫力。美国 Embrex 公司设计了这一设备并已应用于蛋内注射马立克疫苗。它是在种蛋落盘时进行工作的，蛋由一人送入机器内，移到接种针下方，定位妥当后接种针即自动对种蛋进行注射，蛋注射后仍留在孵化蛋盘上，然后该蛋盘由输送机送到转移台上，此时种蛋被真空吸起并自动放入出雏盘内，另一人将出雏盘放入出雏器。1992年，全球第一步自动化蛋内注射系统在美国上市，为世界家禽产业开创了一项全新的疫苗接种技术，今天已有超过85家的美国肉鸡企业以蛋内注射的方法预防马立克病，取代了皮下注射的传统免疫方式。其具有提早免疫、应激反应低、注射精确且一致、劳动力成本低、注射用途广、疫苗污染少等优点。这项技术革命已成为家禽业的一种作业标准和发展潮流。目前该技术已推广至欧洲、亚洲和拉丁美洲，成为家禽防疫的一个趋势。其工作流程是，首先对鸡胚进行定位，选择到气室，然后进行冲孔，利用微型转头进行打孔，打好孔后，注射器针头进入尿囊腔，将疫苗注射到胚内，最后进行消毒和封口，所有的操作都是在电脑的监控下自动完成的。

二、喷雾免疫设备

在鸡群中，用喷雾器将疫苗液喷成雾状，雾滴停留在眼和呼吸道内，刺激局部和全身产生免疫，但易诱发霉形体和大肠杆菌感染。分为粗滴喷雾法和细滴喷雾法。粗滴喷雾法（大雾滴法）：雾滴较大，直径约为60mm。喷雾时，由于雾滴较大，只能停留在鸡的眼和鼻腔内，刺激上呼吸道产生局部和全身免疫力。本法与滴眼法相似，是雏鸡进行呼吸道病免疫的较好方法。细滴喷雾法（小雾滴法）：雾滴细小，直径5～20mm，这种雾滴能达到呼吸道深部，刺激上呼吸道和气管产生免疫力。本法适用于新城疫和传染性支气管炎的免疫。

喷雾免疫设备有固定式喷雾设备，如图72所示。

图72　固定式喷雾设备

喷雾免疫设备也有便携式喷雾设备,如图73所示。

图73 便携式喷雾设备

采用气雾免疫时,如室温过高或风力过大,细小的雾滴迅速挥发,或喷雾免疫时未使用专用的喷雾免疫设备,会造成雾滴过大或过小,影响家禽的吸入量。

Ⅵ 投药设备

一、加药泵

养殖加药泵的优势:在紧急情况下用药快速;可随时更改剂量以及治疗用药;降低储水箱内的沉积、沉淀和污染;无论水管中的水流和压力如何,都可确保给药精确度,没有治疗药物过度稀释的危险。加药泵如图74所示。

图74 加药泵

二、饲料搅拌机

饲料搅拌机分为立式饲料搅拌机与卧式饲料搅拌机2种。常用搅拌机型号有500型和1000型，每批混合量为500kg与1000kg。工作原理是当物料推进器旋转时，物料小料斗叶轮室被强行送进输料管道，然后被推进器提升到搅拌桶顶端，这时物料被均匀抛撒再进入搅拌桶内，搅拌桶内物料的上升下降及左右旋转连续进行，形成混合过程，从而达到混合均匀的效果。当粉剂类药物要添加到饲料中时可以采用饲料搅拌机来搅拌均匀。立式饲料搅拌机如图75所示。

图75 立式饲料搅拌机

三、电炉

电炉见图76所示，是养殖场带畜禽的空气熏蒸消毒设备设施。养殖场在春、秋季及有疫病发生时，常采用带畜禽的空气熏蒸与喷洒消毒，一般采用电炉。电炉通电后加热，让消毒剂挥发到各个角落，消毒彻底。常用的熏蒸消毒方法如下：

图76 电炉

乙酸电炉加热消毒：用于空气熏蒸消毒，按空间$3 \sim 10mL/m^3$，加$1 \sim 2$倍水稀释，加热蒸发。可带畜禽消毒，用时须密闭门和窗。市售乙醋可直接加热熏蒸。

0.1%新洁尔灭、0.3%过氧乙酸和0.1%次氧酸钠药液的熏蒸消毒方法同乙酸消毒法一样。

专题六
养殖场环境控制设备

专题提示

　　养殖场环境控制设备是一种利用感应原理，智能控制畜禽舍内排风、温湿度、饮水、饲料、声音等设备，使畜禽舍环境始终维持在动物最适范围内的智能型控制设备。目前畜禽环境设备在规模化、标准化养殖场中应用比较广泛。

I 温度控制设备

一、升温设备

1. 地下火道

　　在中小型蛋鸡场的育雏室经常采用这种加热方式，主要以煤炭为燃料。其结构是在鸡舍的前端设置炉灶，灶坑深约1.5m，炉膛比鸡舍内地面低约30cm，在鸡舍的后端设置烟囱。炉膛与烟囱之间由3～5条管道相连（管道可以用陶瓷管连接而成，也可以用砖砌成），管道均匀分布在鸡舍内的地下，一般管道之间的距离在1.5m左右。靠近炉膛处管道顶壁距地面约30cm，靠近烟囱处距地面约10cm，管道由前向后逐渐抬升，有利于热空气的通过，也有助于缩小育雏室前后部的温差。

　　使用地下火道加热方式的鸡舍，地面温度高、室内湿度小，温度变化较慢有利于稳定。缺点是老鼠易在管道内挖洞而堵塞管道，另外，管道设计不合理时室内各处温度不均匀。

2. 煤炉供温

此方法适用于较小规模的养鸡场户，使用方便简单。煤炉由炉灶和铁皮烟筒组成。使用时先将煤炉加煤升温后放进育雏室内，炉上加铁皮烟筒，烟筒伸出室外。烟筒的接口处必须密封，以防煤烟漏出致使雏鸡发生煤气中毒死亡。

3. 保温伞供温

此种方法一般用于平面垫料育雏。保温伞由伞部和内伞两部分组成。伞部用镀锌铁皮或纤维板制成伞状罩，内伞有隔热材料，以利保温。热源用电阻丝、电热管子或煤炉等，安装在伞内壁周围，伞中心安装电热灯泡。直径为2m的保温伞可养鸡200～300只。保温伞育雏时要求室温在24℃以上，伞下距地面高度5cm处温度35℃，雏鸡可以在伞下自由出入（图77）。

图77　保温伞

4. 红外线灯泡育雏

利用红外线灯泡（图78）散发出的热量育雏，简单易行，在笼养、平养方式中都可以使用。为了增加红外线灯的取暖效果，可在灯泡上部制作一个大小适宜的保温灯罩，红外线灯泡的悬挂高度一般离地25～30cm。一只250W的红外线灯泡在室温25℃时一般可供110只雏鸡保温，20℃时可供90只雏鸡保温。

图78　红外线灯泡

5. 热风炉

热风炉(图79)适用于大型鸡舍,一般要求鸡舍的面积不少于350m²。该设备由室外加热、热水输送管道和室内散热等部分组成。室外部分为锅炉,常常用煤炭做燃料,可以通过风门开启的大小控制产热量,目前有很多产品可以自动控制风门以控制产热量(在鸡舍内有感温探头与锅炉的微电脑连接,设定温度后如果舍内温度偏低则自动加大通风量以增加供温,如果温度偏高则自动降低炉膛内的进风量减少产热)。室内主要是散热器,散热器由散热片和其后面的小风机组成,锅炉与散热器之间由热水管道连接,当设备启动后,来自锅炉的热水通过管道到达散热器,向外散发热量,此时散热片后面的风机运行,将散热片散发的热量吹向鸡群所在的鸡笼或圈舍。热水通过管道可以循环利用。

图79 热风炉

6. 燃油热风机

燃油热风机(图80)是近年来开发出的用于鸡舍(尤其是育雏室)加热的设备,风温调节范围为30～120℃,可以满足不同季节不同类型鸡舍不同日龄鸡群的不同要求,实现自动、半自动、手动调节。燃油热风机采用直燃式间接加热,升温迅速,热风干燥清新,能够保证室内良好的温、湿环境。

燃油热风机使用柴油或煤油做燃料,不要使用汽油、酒精或其他高度易燃燃料;关闭电源并拔掉插座后待所有的火焰指示灯都熄灭了,并且暖风机冷却以后,才能加燃料;在加燃料的时候,要检查油管和油管连接处是否有泄漏,在热风机运行前,任何一个泄漏处都必须修理好。

使用带接地的插头,要与易燃物保持的最低安全距离:出口250cm,

两侧、顶部和后侧 125cm；如果暖风机是带有余热或者运行中，须把暖风机放置在平坦并且水平的地方，否则可能会发生火灾；不应堵住暖风机的进风口（后面）和出风口（前面）。

图 80　燃油热风机

7. 电热风机

电热风机（图 81）由鼓风机、加热器、控制电路 3 大部分组成。通电后，鼓风机把空气吹送到加热器里，令空气从螺旋状的电热丝内、外侧均匀通过，电热丝通电后产生的热量与通过的冷空气进行热交换，从而使出风口的风温升高。出风口处的"K"形热电偶及时将探测到的出风温度反馈到温控仪，仪表根据设定的温度监测着工作的实际温度，并将有关信息传递回固态继电器进而控制加热器是否工作。同时，通风机可利用风量调节器（变频器、风门）调节吹送空气的风量大小，由此，实现工作温度、风量的调控。

图 81　电热风机

8. 空气源热泵

通过利用浅层地表地道风，在夏季进行空气冷却或在冬季进行空气加热的通风节能热即为空气源热泵（图82）。技术原理是地层深处全年的温度波动较小，在冬季和夏季与地面空气温度有较大温度差。随着地下构筑物的增多，现已开发利用全年温度变化很小的地下隧道作为通风系统的冷源或热源。目前主要应用于夏季降温。在地道风系统内空气的冷却（或加热）不需要制冷机或加热器，与人工制冷相比可节省投资70％以上，节省电能约80％。

图82　空气源热泵机组

养殖场应用时可以直接使用地道风降温，也可以利用地道风作为空气源热泵冷热源，还可以利用地道中的空气进行换热，有效地解决了普通空气源热泵冬季制热量衰减、夏天制冷量减少这一难题，可以大大提高热泵的性能系数。空气源热泵的应用可以省去锅炉房和冷却水系统，供热无污染，减少初投资。

9. 充气膜保温墙

图83　充气膜保温墙

充气膜保温墙（图83）依靠两层覆盖物之间的空气作为隔离墙。在充气泵不工作的情况下，墙体滑到下端，便于牛舍通风；在充满气体后，形成一堵完整的墙，起到保温作用。该设备常由一个恒温器或自动天气站控制器控制整个系统并设置通风间隔区域。

10. 电动卷帘系统

电动卷帘系统（图84）属畜禽舍环境大型调控系统。该系统由幕布及卡槽卡簧系统、卷帘驱动系统、固定系统组成。通过电动卷膜器在侧墙爬升钢管上的往复运动，带动卷膜驱动轴的往复运动，从而实现幕布在卷膜驱动轴上的缠绕和放开，以达到侧面通风的目的。卷帘系统调控方便，卷动平稳牢靠，防风布不打皱，可抗拒 7 ～ 8 级风力，是牛舍调节空气、夏季通风遮阴、冬季御寒保温首选的调控设备。幕布材质众多，常见有帆布和塑料布，并配有夏季通风防蚊蝇的纱窗（图85）。

图84　电动卷帘系统

图85　电动卷帘纱窗

二、降温设备

1. 湿帘降温设备

畜禽舍常用大直径、低速、小功率的轴流式风机通风。这种风机通风量大、耗电少、维修方便，适合猪场长期使用，一般和水湿联合使用（图86）。

图86　轴流式风机和湿帘

使用该系统时要将门窗关严，减少漏风。风机启动后将室内热空气抽出，使室内形成负压，这时室外空气通过湿帘进入鸡舍，当空气经过湿帘的过程中发生热交换，进入舍内的空气温度降低 4～6℃，在夏季能够起到很好的降温效果。

2. 湿帘风箱（图87）

该设备的结构和工作原理与家用空调扇相似，由表面积很大的特种纸质波纹蜂窝状湿帘、高效节能风机、水循环系统、浮球阀补水装置、机壳及电器元件等组成。其降温原理是：当风机运行时，冷风机腔内产生负压，使机外空气流进多孔湿润、有着优异吸水性的湿帘表面进入腔内，湿帘上的水在绝热状态下蒸发，带走大量潜热，迫使过帘空气的干球温度比室外干球温度低 5～10℃，空气越干热，其温差越大，降温效果越好。

图87　湿帘风箱

运行成本低，耗电量少，只有 0.5kW·h，降温效果明显，空气新鲜，时刻保持室内空气清新凉爽，风量大、噪声低，静音舒适，使用环境可以不闭门窗。

3. 喷雾降温系统（图88、图89）

向地面、屋顶、畜禽体洒水，利用水分蒸发吸热而降温。喷头将水喷成雾状，增加水与空气的接触面积，使水迅速汽化，在蒸发时从空气中吸收大量热量，降低舍内温度。

图88　猪舍喷雾降温系统

图89　奶牛舍喷雾降温系统

用高压水泵通过喷头将水喷成直径小于100um的雾滴,雾滴在空气中迅速汽化而吸收舍内热量使舍温降低。常用的喷雾降温系统主要由水箱、水泵、过滤器、喷头、管路及控制装置组成。该系统设备简单,效果显著,但易导致舍内湿度提高。若将喷雾装置设置在负压通风畜禽舍的进风口处,雾滴的喷出方向与进气气流相对,雾滴在下落时受气流的带动而降落缓慢,延长了雾滴的汽化时间,提高了降温效果。

该装置适合大面积开放环境降温,有效弥补了空调、风机等局部小面积、封闭环境的降温缺陷,广泛用于畜牧养殖场冲洗、喷雾、降温、除臭及卫生防疫。该装置能根据牛舍内环境温度变化,对每次喷雾间隔时间及每次喷雾持续时间进行24h自动循环程序控制按时喷雾。工作原理是以高压水的汽化吸收热量,将热空气变成冷空气,冷空气下降形成空气对流,达到降低温度的效果。降温幅度2～6℃,其还具有增湿、除尘、消静电等效果。但鸡舍雾化不全时,易淋湿鸡的羽毛影响生产性能。

喷雾降温增加舍内湿度,使用时间过长易形成舍内高温、高湿环境,因此应间歇使用。一般舍内相对湿度低于70%、温度高于30℃时,降温效果较好。为提高降温效果,一般配合轴流式风机抽风,将舍内湿气排出,并吸入干燥空气进入舍内。

4. 滴水降温设备

适合饲养于单体栏的公、母猪及分娩母猪。在猪颈部上方安装滴水降温头(图90),水滴间歇性地滴到猪的颈部、背部,水滴在猪体表面散开、蒸发,带走热量。滴水降温不是降低舍内环境温度，而是直接降低猪的体温。

图90 猪舍的滴水降温装置

5. 蒸发冷风机

蒸发冷风机又称环保空调（图91），是一种集降温、换气、防尘、除味于一身的蒸发式降温换气机组。环保空调除了可以给幼畜禽舍带来新鲜空气和降低温度之外，还节能、环保。由于无压缩机、无冷媒、无铜管，主要部件核心为蒸发式湿帘（多层波纹纤维叠合物）及1.1kW的主电机，耗电量仅是传统中央空调耗电量的1/8。

图91 环保空调

蒸发冷风机主要特点：节能环保、降温效果好，覆盖面积大，投资少，效果好；每小时耗电量仅$0.4 \sim 1$kW，运行成本低，耗电量只有传统压缩机空调的1/8；无氟利昂，集除味、换气、通风、降温、调节温度、湿度于一体；降温效果明显，一般可达$5 \sim 15$℃的降温效果，且降温迅速；覆盖面积大，每台机器冷风覆盖面积达$60 \sim 150$m^2，每小时送风量达$8\,000 \sim 18\,000$m^3，送风量距离远；投资少、效果大，可以节省中央空调80％的投资款；使用场所可以不闭门窗，可确保空气流通，增加空气中的含氧量；在干燥地区能适当调节空气湿度，提高舒适性；安装便捷，维护方便。

II 光照控制设备

一、人工光照设备

1. 白炽灯

照明设计时，应尽量减少白炽灯（图 92）的使用量。白炽灯属第一代光源，光效低（约 20lx/W），寿命短（约 1 000h）。因为没有电磁干扰，便于调节，适合频繁开关，对于局部照明、信号指示，白炽灯是可以使用的光源。也可用它的换代产品卤钨灯代替，卤钨灯的光效和寿命比普通白炽灯高 1 倍以上，尤其是要求显色性高、高档冷光或聚光的场合，可用各种结构形式不同的卤钨灯取代普通白炽灯，以达到节约能源、提高照明质量的目的。

图 92　白炽灯

2. 荧光灯

荧光灯，如图 93 所示，是应用最广泛、用量最大的气体放电光源，具有结构简单、光效高、发光柔和、寿命长等优点，一般为首选的高效节能光源。

目前一般推荐采用紧凑型荧光灯取代普通白炽灯。紧凑型荧光灯可以和镇流器（电感式或电子式）连接在一起，组成一体化的整体型灯。荧光灯有以下优点：①光效高，每瓦产生的光通量是普通白炽灯的 3～4 倍。②寿命长，一般是白炽灯的 10 倍。③显色指数可以达到 80 左右。④使用方便，可以与普通白炽灯直接替换，还可与各种类型的灯具配套。

直管形荧光灯　　　　　　　　　　彩色直管形荧光灯

环形荧光灯　　　　　　　　单端紧凑型节能荧光灯

图93　荧光灯

　　管型荧光灯一般为直管型，两端各有一个灯头；根据灯管的直径不同，预热式直管荧光灯有 ∅26mm（T8）和 ∅16mm（T5）等几种。T8 灯可配电感式或高频电子镇流器，T5 灯采用电子镇流器。

　　3. LED 灯（图 94）

　　LED 是一种能够将电能转化为可见光的固态的半导体器件，它可以直接把电转化为光。

图94　LED 灯

　　LED 的心脏是一个半导体的晶片，晶片的一端附在一个支架上，一端是负极，另一端连接电源的正极，使整个晶片被环氧树脂封装起来。半导体晶片由两部分组成，一部分是 P 型半导体，在它里面空穴占主导地位；另一端是

123

N型半导体，在这里边主要是电子。当这两种半导体连接起来的时候，它们之间就形成一个P-N结。当电流通过导线作用于这个晶片的时候，电子就会被推向P区，在P区里电子跟空穴复合，然后就会以光子的形式发出能量，这就是LED灯发光的原理。而光的波长也就是光的颜色，是由形成P-N结的材料决定的。

LED灯具有以下优点：①发光效率高。LED的发光效率是一般白炽灯发光效率的3倍左右。②耗电量少。LED电能利用率高达80％以上。③可靠性高、使用寿命长。LED没有玻璃、钨丝等易损部件，可承受高强度机械冲击和振动，不易破碎，故障率极低。④安全性好，属于绿色照明光源。LED发热量低、无热辐射，可以安全触摸，光色柔和、无眩光，不含汞、钠元素等可能危害健康的物质。⑤环保。LED原材料没有汞等高污染成分，废弃物可回收，不会对环境造成污染。⑥单色性好、色彩鲜艳丰富。LED有多种颜色，光源体积小，可以随意组合，还可以控制发光强度和调整发光方式。⑦响应时间短。LED的响应时间只有60ns。由于LED反应速度快，故可在高频下工作。

二、照明测量仪器

由于家禽对光照的反应敏感，畜禽舍内要求的照度比日光低得多，应选用精确的仪器对光照强度和亮度进行测量。常用的有照度计和亮度计2种。

1. 照度计

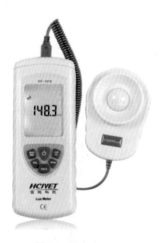

图95 照度计

（1）照度计的构造 照度计（图95）是测量建筑环境照度的仪器，又称为勒克斯计。照度计由光度头和读数显示器两部分组成。光度头又称受光探头，包括接收器、V（λ）滤光器、余弦修正器等几部分；接收器由金属底板、硒层、分界面、金属薄膜、集电环几部分组成，如图96。

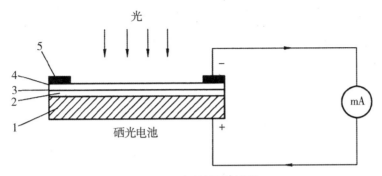

图96 硒光电池照度计原理

1.金属底板 2.硒层 3.分界面 4.金属薄膜 5.集电环

（2）照度计的工作原理 当光线入射到硒光电池表面时，入射光通过金属薄膜到达半导体硒层和金属薄膜的分界面上，在界面上产生光电效应。产生电位差的大小与光电池受光表面上的照度有一定比例关系。这时如果接上外电路，就会有电流流过，电流值从以勒克斯为刻度的微安表上指示出来。光电流的大小取决于入射光的强弱和回路中的电阻。照度计有不同的档位，照度测量时可选择合理的档位。

2. 亮度计

亮度计（图97）专用于物体或光源的亮度和颜色瞄点测量，是照明工程、光源和发光器件、建筑、大气光度等领域的常用测光测色仪器。选用高稳定度和高精度光度色度探测器、嵌入式单片机系统、低功耗液晶显示器、大容量的锂电池，因而，不仅可满足实验室内使用，也可用于野外现场观测。亮度计是测光和测色的计量仪器，由视觉（或色觉）匹配的探测器、光学系统以及与亮度（或三刺激值）成比例的信号输出处理系统所组成。

图97 亮度计

按《室外照明测量方法》中的规定，亮度测量宜采用一级亮度计，当只要求测量平均亮度时，可采用积分亮度计；如果还要求得出亮度总均匀度和亮度纵向均匀度时，宜采用带望远镜的亮度计，亮度计的检定应符合亮度计的规定。

三、光照控制器

图98　光照程序控制器

畜禽舍用光照程序控制器（图98），有石英钟机械控制和电子控制两种，使用效果较好的是电子显示光照程序控制器。其功能主要有：根据设定，自动调节光的强弱明暗，设定开启和关闭时间，自动补充光源等，从而控制畜禽的采食、饮水、生长发育、产蛋，避免光照过强造成畜禽群的应激。

III 通风设备

一、风机

1. 轴流式风机

轴流式风机见图99，主要由外壳、叶片和电机组成，叶片直接安装在电机的转轴上。

轴流式风机风向与轴平行，具有风量大、耗能少、噪声低、结构简单、安装维修方便、运行可靠等特点，而且叶片可以逆转，以改变输送气流的方向，而风量和风压不变，既可用于送风，也可用于排风，只是风压衰减较快。目前畜禽舍的纵向通风常用节能、大直径、低转速的轴流式风机。

图99 轴流式风机

2. 离心式风机

离心式风机见图100，主要由蜗牛形外壳、工作轮和机座组成。这种风机工作时，空气从进风口进入风机，旋转的带叶片工作轮形成离心力将其压入外壳，然后再沿着外壳经出风口送入通风管中。离心式风机不具逆转性，但产生的压力较大，多用于畜禽舍热风和冷风输送。

图100 离心式风机

二、风扇

1. 吊扇

在平养肉鸡舍内有安装吊扇进行通风的。使用一般的工业吊扇，固定在横梁上，启动后风扇转动并搅动周围空气流动。

2. 壁扇

壁扇是最简易的风机（图101），一般安装在鸡舍的前后墙上，启动后气流

127

比较缓慢，多数用于育雏室或肉鸡舍的通风。

图 101　工业壁扇

三、自然通风设备

1. 门窗

在自然风力和温差的作用下，空气通过门窗进行流通。通过门窗的开启闭合程度，调节通风量。当外界风力大或内外温差大时，通风效果好。夏季天气闷热，室内外温差小，风速小时，通风效果不明显。这种通风方式简单，投资小，但难以随时保证所需要的良好的通风状态。

2. 通风帽

通风帽装在通风管上端，利用室内外温差进行通风换气。通风帽可以防止雨雪进入管道，并起阻止强风妨碍排气的作用，见图 102。

图 102　通风帽

3. 无动力风帽

无动力风帽（图 103）是利用自然界的自然风速推动风机的涡轮旋转及室内外空气对流的原理，将任何平行方向的空气流动，加速并转变为由下而上垂直的空气流动，以提高室内通风换气效果的一种装置，它不用电，无噪声，可长期运转，排除室内的热气、湿气和秽气。其根据空气自然规律和气流流动原理，合理化设置在屋面的顶部，能迅速排出室内的热气和污浊气体，改善室内环境。

图 103　无动力风帽

四、通风控制器

畜禽舍夏季通风降温除湿，冬季通风排污除湿，都可以通过具有可编程逻辑控制器的通风控制器来实现控制。利用传感器获得舍内湿度、温度、空气中氨、硫化氢含量的物理参数，由操作者确定开启通风装置的位置、开启程度和开启时间，从而为畜禽创造一个舒适的舍内生长环境，见图 104。

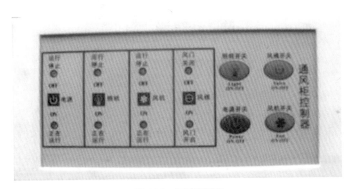

图 104　通风控制器

IV 湿度控制

畜禽舍的湿度主要由通风和洒水来调节。在生产中，由于畜禽排尿较多，舍内湿度往往偏大。因此，在实际生产中应采取措施降低舍内湿度，如保持适当的通风换气，及时清除舍内粪尿和污水，减少冬季舍内用水量和勤换垫料等。

此外，一些公司根据生产实际需要生产有畜禽舍环境自动控制仪，如华南畜牧设备公司生产的 HN-1211 环境控制仪（图 105），通过温度、湿度、氨气／二氧化碳等传感器收集舍内空气参数，经控制器 CPU 处理，然后执行对风机、风门、侧窗、水帘、灯光、保温等自动操作。通过定义时间可对光照、喂料自动控制。通过对水脉冲的设置，可自动监测水量。控制面板全中文液晶显示，触摸式键盘，16 个发光二极管显示各功能运行情况，可以和用户 PC 连接，实行远程管理。

图 105　HN-1211 环境控制仪面板

HN-1211 环境控制仪的配置包括：8 个阶段的风机（$S_1 \sim S_8$）、1 路降温装置（S_9）、1 路加热单元（S_{10}）、1 路 0 ～ 10V 加热输出（V_3）、1 路料线输出（S_{11}）、1 路光照输出（S_{11}）、根据风机开启设置进风小窗、卷帘开启。提供 2 路 0 ～ 10V DC 输出，配合 HN-TY 变速模块可以控制第一、第二阶段的变速风机（V_1、V_2）。该设备可接 5 个温度传感器（4 个室内、1 个室外）和 1 个湿度传感器，控制器能在更短的反应时间内获取更精确的平均室温。接入的温度传感器的个数可自行设置。1 个氨气／硫化氢传感器和 1 个二氧化碳传感器，及时反映舍内空气质量。高低温及故障紧急报警，能够及时提醒工作人员进行检修。与计算机联网，实时获得所有在线控制器的运行数据，并可对控制器进行参数设置，所获得的控制器运行数据可通过互联网发布。

AC-2000 环境控制器（图 106）主要应用于规模化、现代化畜禽业养殖的环境控制系统。通过温度、湿度传感器和压力模块等收集舍内空气参数，经控制器 CPU 处理，然后执行对风机、风门、侧窗／卷帘、湿帘、循环风机、加热器等自动操作。通过对水脉冲和饲料脉冲的设置，可自动监测供水和送料。配合调光装置使舍内光照更加合理。连接报警模块，可实现短信提醒用户报警信息。其主要技术参数为：20 级通风模式（级别 1 ～ 20），支持几种加热器，标准型低档和高档加热器以及辐射加热器，可以同时最多 6 个生长区同时工作。喂料和灯光能够根据昼夜运行和周期运行协调工作，额外系统能够根据时间、温度传感器或周期定时器工作。能够使用标准的脉冲输出水表，可以保存记录畜禽饮水量的消耗信息，并且在水流太小或者太大的情况下进行报警。水消耗的减少可能反映出畜禽群的某个问题，这让管理员在情况进一步恶化之前，采取一定的纠正措施。

图 106　AC-2000 环境控制器面板

此外，AC-2000 环境控制器如果配套 RBS-1 型鸡称平台能够提供每日家禽成长信息，借助于以禽群为基础的历史信息，用户可以迅速地判断某一禽群的实际饲养情况。可以设置饲料过量报警；根据风向传感器可设置卷帘位置。安装远程通信后，一台个人电脑能够在本地或者通过调制解调器与几乎世界上任何地方的 AC-2000 控制器进行连接，能够通过密码保护设置可以防止任何未被授权的访问。

上述两种环境控制器的功能运行模式如图 107 至图 109。

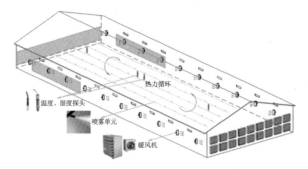

图 107　保温状态示意图

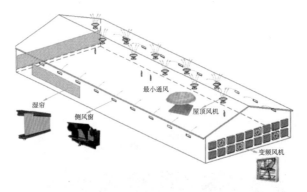

图 108　最小通风状态示意图

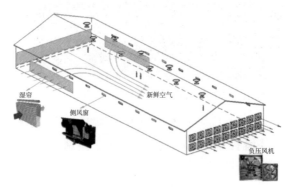

图 109　通风降温状态示意图

专题七
供水与饮水设备

专题提示

养殖场一般要建立独立的供水系统，其生活用水和生产用水水源主要为地下水，城市供水只作补充，这样既有利于防疫，也可免受外界影响。

供水系统主要包括水塔（或无塔供水设备）、供水管网、过滤器、减压阀和用水末端自动饮水器等。

I 供水系统

一、水塔

养殖场使用的水塔（图110）高度不能低于15m，水塔的容积在50m³以上，养殖场水塔主要是水泥水塔，也有不锈钢水塔、彩钢水塔设备、镀锌板水塔等。

图110 水塔

水塔是蓄水的设备，要有相当的容积和适当的高度，容积应能保证养殖场2d左右的需水量，高度应比最高用水点高出 1 ~ 2m，并考虑保证适当的压力。

二、无塔供水设备

自动无塔供水罐（图111）在规模化养殖场广泛使用，逐步代替了传统的水塔，其具有以下优点：无须专人管理，方便省心，取代了建水塔和高位水箱；供水压力大小可任意调节，达到养殖场理想的供水效果；全密闭，无污染，水质始终如一；冬暖夏凉，安全放心。

图111　无塔供水设备

三、供水管网

养殖场的供水管道要分饮水供水管道和清洗供水管道两种，因为清洗供水需要的水压较高，如果两个管道不分，容易损坏畜禽饮水器。应用最广泛的是自动饮水系统（包括饮水管道、过滤器、减压阀和自动饮水器等）。

四、过滤器

过滤器的作用是滤去水中杂质，使减压装置和饮水器能正常供水。过滤器由壳体、放气阀、密封圈、上下垫管、弹簧及滤芯等组成。

五、减压阀

减压装置的作用是将供水管压力减至饮水器所需要的压力，减压装置分为水箱式和减压阀式两种。养殖场内的供水系统一般包括4个部分，如图112。

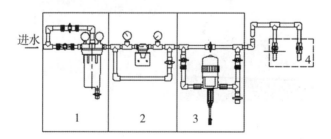

图112　供水系统安装示意图

1.过滤器组件　2.减压阀组件　3.加药器组件　4.分流器组件

Ⅱ 饮水设备

一、禽用饮水设备

1. 乳头式饮水器

乳头式饮水器见图113、图114，有锥面、平面、球面密封型三大类。该设备用毛细管原理，使阀杆底部经常保持挂有一滴水，当鸡啄水滴时便触动阀杆顶开阀门，水便自动流出供其饮用。平时则靠供水系统对阀体顶部的压力，使阀体紧压在阀座上防止漏水。乳头式饮水器适用于笼养和平养鸡舍给成鸡或两周龄以上雏鸡供水，要求配有适当的水压和纯净的水源，使饮水器能正常供水。乳头式饮水器基本参数见表41。

表41 乳头式饮水器基本参数

适用水压(kPa)	流量(mL/min)	开阀力(N)
2～6	100～160	$7\times10^{-2}\sim1.85\times10^{-1}$

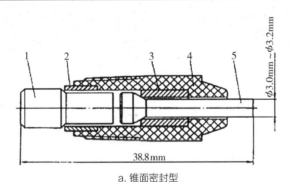

a. 锥面密封型

1.上阀杆 2.上套 3.下套 4.座体 5.下阀杆

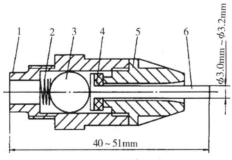

b. 平面密封型

1.上套 2.压簧 3.压球 4.密封圈 5.下套 6.阀杆

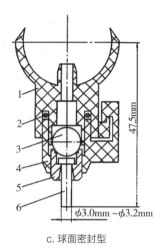

c. 球面密封型

1. 连接座　2. "O"形圈　3. 钢球　4. 阀座　5. 阀套　6. 顶杆

图 113　禽用乳头式饮水器构造图

图 114　禽用乳头式饮水器

2. 吊塔式饮水器

吊塔式饮水器又称普拉松饮水器，见图 115，由饮水碗、活动支架、弹簧、封水垫及安在活动支架上的主水管、进水管等组成，靠盘内水的重量来启闭供水阀门。即当盘内无水时，阀门打开；当盘内水达到一定量时，阀门关闭。主要用于平养鸡舍，用绳索吊在离地面有一定高度的地方（与雏鸡的背部或成鸡的眼睛等高）。该饮水器的优点是适应性广，不妨碍鸡群活动。

图 115　禽用吊塔式饮水器

3. 水槽式饮水器

水槽一般安装于鸡笼食槽上方，是由镀锌板、搪瓷或塑料制成的"V"形槽，每 2m 一根由接头连接而成。水槽一头通入长流动水，使整条水槽内保持一定水位供鸡饮用，另一头流入管道将水排出鸡舍。槽式饮水设备简单，但耗水量大。安装要求整列鸡笼在几十米长度内，水槽高度误差小于 5m，误差过大不能保证正常供水。

4. 杯式饮水器

杯式饮水器分为阀柄式和浮嘴式两种，其基本参数见表 42、表 43。该饮水器耗水少，并能保持地面或笼体内干燥。平时水杯在水管内压力下使密封帽紧贴于杯体锥面，阻止水流入杯内。当鸡饮水时，将杯舌下啄，水流入杯体，达到自动供水的目的。其中阀柄式饮水器分为 16 型（图 116a）和 30 型（图 116b）两种，浮嘴式饮水器见图 116c。

表 42　阀柄式饮水器的基本参数

容量（mL）	用水压（kPa）	开阀力矩（N·m）	开阀灵敏度（mm）	流量（mL/min）
16	30 ~ 70	$2.5 \times 10^{-3} \sim 3.5 \times 10^{-3}$	$\leqslant 1$	300 ~ 450
30	30 ~ 70	$5.8 \times 10^{-3} \sim 6.8 \times 10^{-3}$	$\leqslant 2$	500 ~ 700

表 43 浮嘴式饮水器的基本参数

容量(mL)	用水压	开阀力(N)	阀杆位移量(mm)	流量(mL/min)
20	30 ~ 70	0.1 ~ 0.65	≤ 1.5	160 ~ 260

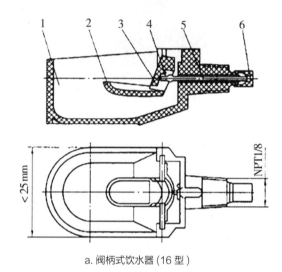

a. 阀柄式饮水器(16 型)

1. 杯体 2. 杯舌 3. 杯舌顶板 4. 销轴 5. 顶杆 6. 密封帽

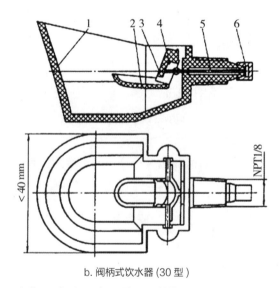

b. 阀柄式饮水器(30 型)

1. 杯体 2. 杯舌 3. 杯舌顶板 4. 销轴 5. 顶杆 6. 密封帽

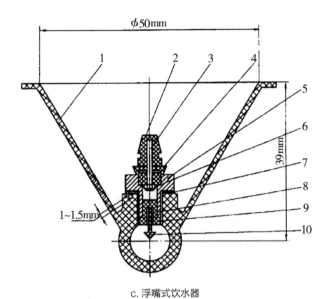

c. 浮嘴式饮水器

1. 杯体　2. 阀柄　3. 阀杆　4. 导流片　5. 阀座　6. "O"形圈

7. 橡胶垫圈　8. 阀体　9. 底阀座　10. 底阀

图 116　禽用杯式饮水器构造图（mm）

5. 真空式饮水器（图 117）

由水筒和盘两部分组成，多为塑料制品。筒倒扣在盘中部，并由销子定位。筒内的水由筒下部壁上的小孔流入饮水器盘的环形槽内，能保持一定的水位。真空式饮水器主要用于平养鸡舍。

图 117　真空式饮水器

二、猪用饮水设备

1. 连通式饮水器（图118）

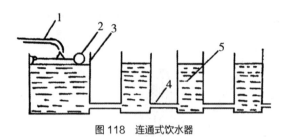

图118 连通式饮水器

1.供水管路 2.浮子 3.盛水箱 4.连通管 5.饮水槽

2. 鸭嘴式自动饮水器

鸭嘴式自动饮水器（图119）主要由阀体、阀杆、密封圈、回位弹簧、塞盖、滤网等组成，其中阀体、阀杆选用黄铜或不锈钢材料，弹簧、滤网为不锈钢材料，塞盖为工程塑料。

图119 鸭嘴式自动饮水器

猪饮水时，将鸭嘴体衔入口腔，并挤压阀杆，克服弹簧的压力，这时阀杆密封垫与水孔分开，水从间隙流出，进入猪的口腔，当猪嘴松开后，靠回位弹簧使阀杆复位，出水间隙被封闭，水停止流出。

鸭嘴式自动饮水器结构简单，耐腐蚀，密封好，不漏水，寿命长，水流出时压力小，流速较低，符合猪饮水要求。

常用鸭嘴式自动饮水器有大小两种规格，小型为9SZY-2.5型，大型为9SZY-3.5型。两种规格型号结构原理完全一样，仅出水量和鸭嘴大小有差别。其出水孔径分别为2.5mm和3.5mm。乳猪和保育仔猪用小型的，中猪和大猪用大型的。安装这种饮水器的角度有水平的和45°的两种，离地高度随猪体重变化而不同。

猪饮水时，将鸭嘴体衔入口腔，减少水量损耗。水流通过饮水器芯孔径流出时，阀杆在弹簧杆的顶端部，阻挡水流直接进入口腔，不会呛水。

这种饮水器的饮水器芯在结构上采用了圆柱形管嘴，水流通过此段管嘴而流出，可以使同一直径孔口的流量增大，并使水流的出口流速减低，更符合猪饮水的行为特性。又由于有橡胶垫，密封安全，不漏水。

饮水器要安装在远离猪休息区的排粪区内。定期检查饮水器的工作状态，清除泥垢，调节和紧固螺钉，发现故障及时更换零件。

3. 乳头式饮水器

乳头式饮水器（图120）是由壳体、顶杆和钢球三大件组成。

猪饮水时，顶起顶杆，水从钢球、顶杆与壳体之间的间隙流出至猪的口腔中；猪松嘴后，靠水压及钢球、顶杆的重力，钢球、顶杆落下与壳体密接，水停止流出。这种饮水器对泥沙等杂质有较强的通过能

图120　乳头式饮水器

力，但密封性差，并要减压使用，否则，流水过急，不仅猪喝水困难，而且流水飞溅，浪费用水，弄湿猪栏。

安装乳头式饮水器时，一般应使其与地面成45°～75°，离地高度因猪大小而不同，仔猪为25～30cm，生长猪（3～6月龄）为50～60cm，成年猪为75～85cm。

4. 杯式饮水器

杯式饮水器（图121）是一种以盛水容器（水杯）为主体的单体式自动饮水器，由杯体、饮水器体、活门、支架等部件组成。其中饮水器体与鸭嘴式的结构一致。

杯式饮水器的杯体为浅杯式，便于清洗、维护，杯盘容量为330mL。

常见的有浮子式、弹簧阀门式和水压阀杆式等类型。

图121　杯式饮水器

（1）浮子式饮水器　多为双杯式，浮子室和控制机构放在两水杯之间。通

常，一个双杯浮子式饮水器固定安装在两猪栏间的栅栏间壁处，供两栏猪共用。浮子式饮水器由壳体、浮子阀门机构、浮子室盖、连接管等组成。当猪饮水时，推动浮子使阀芯偏斜，水即流入杯中供猪饮用；当猪嘴离开时，阀杆靠回位弹簧弹力复位，停止供水。浮子有限制水位的作用，它随水位上升而上升，当水上升到一定高度，猪嘴就碰不到浮子了，阀门复位后停止供水，避免水过多流出。

（2）弹簧阀门式饮水器　水杯壳体一般为铸造件或由钢板冲压而成杯式，杯上销连有水杯盖。当猪饮水时，用嘴顶动压板，使弹簧阀打开，水便流入饮水杯内；当猪嘴离开压板，阀杆复位，停止供水。

（3）水压阀杆式饮水器　靠水阀自重和水压作用控制出水的杯式饮水器，当猪饮水时用嘴顶压压板，使阀杆偏斜，水即沿阀杆与阀座之间隙流进饮水杯内，饮水完毕，阀板自然下垂，阀杆恢复正常状态。

猪用各类饮水器的技术参数见表44，猪用鸭嘴式和杯式饮水器的安装高度见表45。

表 44　猪用各类饮水器技术参数

规格	鸭嘴式 9SZY-2.5	鸭嘴式 9SZY-3.5	乳头式 9SZR-9	杯式 9SYB-330
适用范围	乳猪 断奶仔猪	育肥猪 妊娠猪 种猪	育肥猪 妊娠猪 育成猪	仔猪 育肥猪
外形尺寸（mm）	22×85	27×91.5	22×70	182×152×116
接头尺寸（mm）	G12.70	G12.70	G12.70	G12.70
流量（L/min）	2～4.5	2.5～5	1.5～2.5	2～4.5
对水压要求（kg/cm^2）	0.2～4	0.2～4	≤0.2	0.2～4
可负担猪数量	10～15	10～15	10～15	10～15
重量（kg/个）	0.1	0.2	0.1	2.1

表 45　猪用鸭嘴式和杯式饮水器的安装高度

猪群别	鸭嘴式饮水器距地面（mm）	杯式饮水器杯底距地面（mm）
妊娠母猪	500～600	
哺乳母猪	500～600	100～200
仔猪		100～150
幼猪	250～350	
育肥猪	350～450	150～250

三、牛、羊用饮水设备

1. 大型低压电加热饮水槽

大型低压电加热饮水槽（图 122）可确保寒冷的冬季奶牛饮用 15～18℃温水。采用 24V 加热系统，处于牛的安全电压范围，不会发生电牛、电人事件；设计有浮子阀门，可随时调节水位高低，自动控制补充水源；高强度聚乙烯材料，防酸、防腐蚀、无毒、抗震，使用寿命长；高温滚塑一次成型，无裂缝和死角，微生物不易附着，便于清洁。

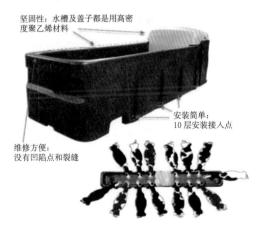

坚固性：水槽及盖子都是用高密度聚乙烯材料

安装简单：10 层安装接入点

维修方便：没有凹陷点和裂缝

图 122　大型低压电加热饮水槽

2. 翻转型饮水器（图 123）

一头挤奶牛生产 1L 牛奶需要 4～5L 水，水必须洁净新鲜。被牛粪或残留饲料污染的水会影响 pH 和味道，使水的可口性变差，所以定期清洗饮水器很重要。

图 123 翻转型饮水器

翻转型饮水器构造简单，使用而方便。饮水槽为不锈钢材料，上边角向下折边，没有锐边。通过倾斜饮水器可方便快速清洗。

3. 饮水碗（图 124）

适用于单栏饲养牛只。轻触任何方向都可启动流水，不溅水，水从水管到饮水碗底平稳流出没有虹吸作用，奶牛适应快。

图 124 饮水碗

专题八
养殖场喂料设备

专题提示

在畜禽饲养管理过程中，畜禽的饲喂要占用大量的劳动量，为减轻人工饲喂的投入量，目前标准化养殖场投入了大量机械，提高了劳动效率，保障了精准饲养。

I 养鸡场喂料设备

一、储料塔

用于大、中型机械化鸡场，主要用作短期储存干粉状或颗粒状配合饲料，与室内自动喂料系统结合。一般建在鸡舍前部的一侧，容量大多数在 $2 \sim 5t$。散装物料运输车从饲料厂装载饲料后直接运送到养鸡场，并把饲料输送到储料塔内（图 125、图 126）。储料塔通过专用输送管道将饲料送入鸡舍内自动供料系统的小料箱中。一般的储料塔都有称重系统，能够显示储料塔内饲料存量的状态。

图 125　位于两个鸡舍之间的储料塔

图 126　运料车将饲料直接输入储料塔

145

储料塔一般用厚 1.5mm 的镀锌钢板冲压而成。其上部为圆柱形，下部为圆锥形，圆锥与水平面的夹角大于 60°，以利于排料。塔盖的侧面开了一定数量的通气孔，以排出饲料在存放过程中产生的各种气体和热量。储料塔一般直径较小，塔身较高，当饲料含水量超过 13％时，存放超过 2d 后，储料塔内的饲料会出现"结拱"现象，使饲料架空，不易排出。因此，储料塔内需要安装破拱装置。

破拱装置结构如图 127 所示，它装在储料塔的锥部。电动机通过齿轮箱及万向节带动上、下拨杆转动，使架空结拱的饲料受到拨动而塌陷。这种设备破拱效果好，在饲料含水率高达 17％的情况下，性能仍然可靠。

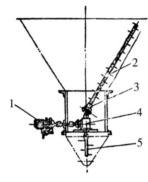

图 127　破拱装置

1.电动机　2.上拨杆　3.万向节　4.齿轮箱　5.下拨杆

二、输料机

1. 螺旋弹簧式

螺旋弹簧式输料机由电机驱动皮带轮带动空心弹簧在输料管内高速旋转，将饲料传送入鸡舍，通过落料管依次落入喂料机的料箱中。当最后一个料箱落满料时，该料箱上的料位器弹起切断电源，使输料机停止输料。反之，当最后料箱中的饲料下降到某一位置时，料位器则接通电源，输料机又重新开始工作。

2. 螺旋叶片式

螺旋叶片式输料机是一种广泛使用的输料设备，主要工作部件是螺旋叶片。在完成由舍外向舍内输料作业时，由于螺旋叶片不能弯成一定角度，故一般由两台螺旋叶片式输料机组成，一台倾斜输料机将饲料送入水平输料机和料斗内，再由水平输料机将饲料输送到喂料机各料箱中。

三、喂料机

1. 轨道车式喂料机

轨道车式喂料机（图128至图131）用于多层笼养鸡舍，是一种骑跨在鸡笼上的喂料机，沿鸡笼上或旁边的轨道缓慢行走，将料箱中的饲料分送至各层饲槽中。根据料箱的配置形式可分为顶料箱式和跨笼料箱式。顶料箱行车式喂料机只有一个料桶，料箱底部装有搅龙，当喂料机工作时搅龙随之运转，将饲料推出料箱沿溜管均匀流入饲槽。跨笼料箱喂料机根据鸡笼形式配置，每列饲槽上都跨设一个矩形小料箱，料箱下部锥形扁口通向饲槽，当沿鸡笼移动时，饲料便沿锥面下滑落入饲槽中。饲槽底部固定一条螺旋形弹簧圈，可防止鸡采食时选择饲料和将饲料抛出槽外。喂料机的行进速度为 10～12m/s。

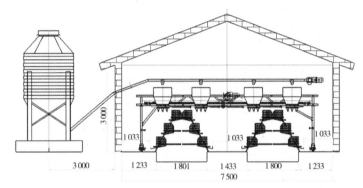

图128　两列三层轨道车式喂料机示意图（mm）

（本图片由河南金凤养鸡设备公司提供）

图129　轨道车式喂料机（本图片由河南金凤养鸡设备公司提供）

图 130　阶梯式鸡笼的喂料机

图 131　叠层式鸡笼的喂料机

2. 链板式喂料机

链板式喂料机可用于平养和笼养。它由料箱、驱动机构、链板、长饲槽、转角轮、饲料清洁筛、饲槽支架等组成，见图132。链板是该设备的主要部件，它由若干链板相连而构成一封闭环。链板的前缘是一铲形斜面，当驱动机构带动链板沿饲槽和料斗构成的环路移动时，铲形斜面就将料斗内的饲料推送到整个长饲槽。按喂料机链片运行速度又分为高速链式喂料机（18 ~ 24m/min）和低速链式喂料机（7 ~ 13m/min）两种。

一般跨度10m左右的种鸡舍、跨度7m左右的肉鸡和蛋鸡舍用单链，跨度10m左右的蛋、肉鸡舍常用双链。链板式喂饲机用于笼养时，3层料机可单独设置料斗和驱动机构，也可使用同一料斗和同一驱动机构。

链板式喂料机的优点是结构简单、工作可靠。缺点是饲料易被污染和分级（粉料）。

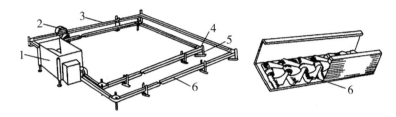

图 132 9WL－42P 链板式喂料机

1.料箱 2.清洁器 3.长饲槽 4.转角轮 5.升降器 6.输送链

3. 螺旋式喂饲机

螺旋式喂饲机由料箱、驱动器、推送螺旋、输料管、料盘和升降装置等部分组成。

4. 塞盘式喂饲机

塞盘式喂饲机由料箱、驱动器、塑料塞盘及镀锌钢缆、输料管、转角器、料盘和升降装置等部分组成。适用于平养。

四、饲槽和料桶

1. 饲槽

饲槽应能满足鸡采食方便和防止鸡把饲料甩出槽外造成撒落损失的要求。由于鸡龄不同，饲槽的类型也不同。5 日龄雏鸡常采用饲碟喂饲，20 日龄以内的雏鸡常用浅槽，育成鸡和成鸡用盘筒式和长饲槽，如果此槽较浅时，也可用于雏鸡。盘筒式饲槽，前已述及，这里介绍一下长饲槽（图 133）。

长饲槽用于链槽式、轨道式和笼养的塞盘式喂料机，用镀锌薄板制成。图 133a 和 133b 为平养用的链槽式喂料机饲槽，图 133a 用于雏鸡，图 133b 用于成鸡。图 133c、133d 及 133e 为笼养长饲槽，其矮侧壁贴鸡笼，其中图 133c 用于雏鸡，图 133d 和 133e 用于成鸡。

每只鸡所需长饲槽的采食宽度见表 46。

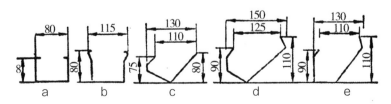

图 133 长饲槽横断面参数（cm）

149

表 46　采食宽度（cm）

鸡群类别	雏鸡	育成鸡和成鸡					
		来航鸡（母）	来航鸡（公）	中型鸡（母）	中型鸡（公）	肉用种鸡(母)	肉用种鸡(公)
育成鸡和成鸡	5.1	6.4	7.6	7.6	8.9	10.2	12.7

2. 料桶

适用于平养、人工喂料，由上小下大的圆形盛料桶和中央锥形的圆盘状料盘及栅格等组成，并可通过吊索调节高度。

II　养猪场喂料设备

一、饲槽

饲槽可分为固定饲槽和自动饲槽。饲槽设计参数见表 47。

表 47　猪饲槽基本参数（mm）

类型	适用猪群	高度	采食间隙	前缘高度
水泥定量饲槽	公猪、妊娠母猪	350	300	250
铸铁半圆弧饲槽	分娩母猪	500	310	250
长金属饲槽	哺乳仔猪	100	100	70
长金属饲槽	保育猪	700	140～150	100～120
自动落料饲槽	生长育肥猪	900	220～250	160～190

1. 限量饲槽

一般采用不锈钢或铸铁制成（图134），多用于单栏饲养的猪，如公猪、妊娠母猪和哺乳母猪。

图134　限量饲槽

2. 自动饲槽

自动饲槽（图135）就是在饲槽的顶部装有储料箱，当猪吃完饲槽中的饲料时，由于重力或机械作用，饲料会不断落入饲槽内。饲槽由钢板或水泥制成，形状有圆形和长方形，长方形的可分为单面饲槽和双面饲槽。

单面自动饲槽　　　　　　　双面自动饲槽　　　　　　　自动干湿饲槽

图135　自动饲槽

母猪定量瓶（杯）是与限位栏配套的自动精确饲喂设施，一般用于妊娠母猪。定量瓶与输料管线相连，可实现自动化供料。定量瓶上有刻度，将调节阀调至相应刻度即妊娠母猪每次饲喂量，开动机械，输料管开始供料，当下料至刻度线时，停止下料，实现了母猪精确饲喂的自动化（图136）。

图 136　母猪定量瓶

二、储料塔

储料塔多数用 2.5～3.0mm 的镀锌波纹钢板和玻璃钢制作，饲料在自身的重力作用下落入储料塔下锥体底部的出料口，再通过输料机送到猪舍中。

常用储料塔的结构见图 137，其容量有 2t、4t、5t、6t、8t 等，以能满足一栋猪舍猪群 3～5d 采食量为宜，容量过小则加料频繁，过大则饲料易结拱、储存期过长，且会造成设备浪费。

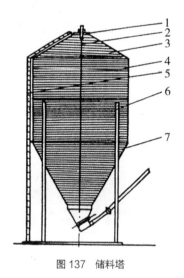

图 137　储料塔

1.顶盖　2.顶盖控制机构　3.塔顶　4.塔体

5.梯子　6.支架　7.下锥体

三、辅助供料设备

1. 稀饲料自动饲喂系统

近年来，由于传统干料成本高、粉尘大的缺点，液态料在生产性能和猪群健康方面的优势，使得部分大型猪场逐渐开始使用液体料供应系统。稀饲料饲喂系统（图 138）主要由计算机控制系统、空气压缩系统、储水罐、储料塔、混合灌、电子秤、饲料泵、PVC 输送管、阀门和下料口组成。

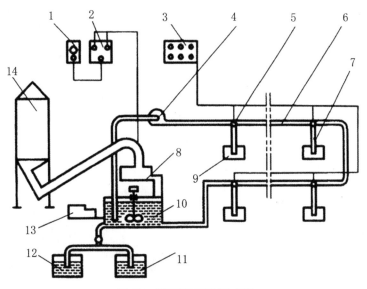

图 138　稀饲料饲喂系统与设备

1. 时间继电器　2. 搅拌机组控制板　3. 饲料控制板　4. 稀饲料输送泵　5. 气动阀
6. 主输料管　7. 放料管　8. 计量器　9. 食槽　10. 稀饲料搅拌机　11. 热水箱
12. 冷水箱　13. 空气压缩机　14. 储料塔

供料时，搅龙把储料塔中的干料送入调质室，饲料经过计量后进入搅拌池。同时，水从水箱进入搅拌池，经搅拌机搅拌均匀后再由输料泵把池内稀饲料泵入主输料管道，各气动阀按程序自动开启，使稀料按顺序定量流入各食槽。

在实际生产中，根据每个下料口猪群数量、选择的饲料配方和饲喂曲线、料水比和饲喂次数，计算机自动计算出每个供料循环需要的干料量和水量，分别将水和饲料导入混合灌，混合均匀的液态饲料由饲料泵泵出，置于混合泵支撑部的精确计量器连接中央控制系统可实现向猪舍的精确给料。供料结束后，冲洗供料管，并回收冲洗水于储存罐，用于下次混合时干饲料的配水。

稀饲料喂饲系统的管道布置应尽量减少弯曲，最小弯曲直径应不小于输料管直径的 4 倍，要避免高落差、急弯，以防止稀饲料的沉淀而造成堵塞。放料支管上部应设置阀门，末端不能垂直于饲槽底部，以免放料时出现喷溅。

在冬季，用热水将饲料调温至 20 ～ 30℃，可提高适口性和减少猪维持体温的饲料消耗。适当的料水比为 1 ∶ 3，饲料和水的混合比由搅拌机组控制板来调节，放入每个食槽中的饲料量由饲料控制板控制。

稀饲料搅拌池的容积根据所饲喂猪的数量和管路长度来定，一般每100头猪所需容积为1m³，常用的容积为2～5m³。主管道的直径多为50～100mm，输送距离一般不超过300m，管内流速应不超过3m/s；放料支管常用直径为38～45mm。管道可用钢管或无毒PVC制作。

2. 干料自动饲喂系统（图139）

用于输送干料的饲料输送机有弹簧螺旋饲料输送机、塞管式输送机、卧式搅龙输送机、链式输送机等，常用的有塞管式输送系统（图140）。

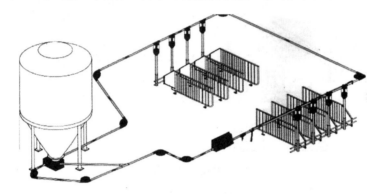

图139　干料自动饲喂系统示意图

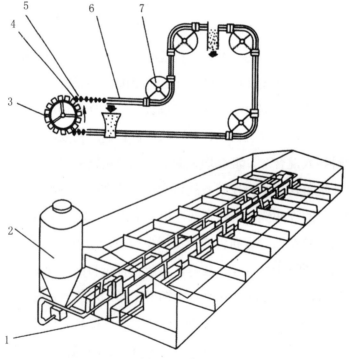

图140　塞管式饲料输送机结构图

1.自动料箱　2.储料塔　3.驱动装置　4.钢绳　5.塞盘　6.输送管　7.转角器

塞管式饲料输送机也称作线管式饲料输送机。它包括自动料箱、储料塔、驱动装置、钢绳、塞盘、输送管和转角器等部分。

塞管式饲料输送机工作时，驱动装置带动塞盘移动，将储料塔底部的饲料通过输送管带走，再经过每个自动料箱上部的落料管，饲料靠本身的重力落入自动料箱，依次加满每一个自动料箱，当加满最后一个时，停止供料。

四、妊娠母猪智能饲喂系统

妊娠母猪智能饲喂系统（图141）也叫全电子饲喂系统，是针对妊娠母猪精确饲喂的群养系统。该套饲喂系统在保障精确饲喂的前提下，将母猪从传统的限位栏解放出来，实现群养，增强了母猪的体质，提高了母猪的健康状态和生产效率。

原理：母猪佩戴电子耳标，系统通读取耳标后判断猪的身份，传输给计算机，管理者设定该猪的怀孕日期、日饲喂量，系统根据终端获取的耳标数据计算出该猪当天需要的进食量，然后把这个进食量分量、分时间传输给饲喂设备为该猪下料。当猪采食完设定好的日粮时，系统不再给料，实现了母猪的精确限饲。

图141 妊娠母猪智能饲喂系统

III 牛、羊场喂料设备

一、全混合日粮（TMR）饲料搅拌车

TMR饲料搅拌车（图142）是把粗饲料和精饲料以及微量元素等添加剂进行切短、搅拌、混合，并进行投喂的大型机械设备。

TMR车的容积和牧场发展规模相匹配。可以用"70头牛为1m³"的方法估算。通常，存栏500头以下选择5~7m³，700~1 000头选择8~12m³，1 500头以上选择16~25m³的设备。对于存栏1 500头以上的规模牧场，建议购置2台以上容积相对小点的TMR车，或者购置一台备用机，这样设备出故障时可以备用。物料达到所标容积的70%~80%时，设备使用效率最高。

图142 TMR饲料搅拌车

据产品外观形状，可分为立式和卧式两种，其中立式又分为固定式和牵引式，卧式又分为固定式和自走式。

1. 立式固定式饲料搅拌车

立式饲料搅拌车结构简单，称重精确，可轻松处理大的圆形或方形干草包。由于饲料对料筒侧壁的压力小，搅拌车的磨损率较低，能够迅速打开、切碎大型圆、方草捆。卸料后料箱内清洁，不留余料。

2. 立式牵引式饲料搅拌车

立式牵引式饲料搅拌车具有独立的液压系统，挂接方便，独立性强，使用寿命长；非链条式双边自动卸料装置，并可根据用户要求单侧开门；备有选装

的侧臂机械手，可方便快捷地抓取饲草和精料。

3. 卧式固定式饲料搅拌车

卧式固定式饲料搅拌车的传动系统先进节能，降低了油耗，减小了维修成本；其特有的搅拌循环系统混料更加均匀，最大化地利用料箱空间；独有的叶片弧度设计，具有排除小异物的功能，保护搅拌系统；人性化的后部装料方式，对于小草捆的投放快捷易行，并可轻松观察搅拌状态。

4. 卧式自走式饲料搅拌车

刀片非线性排列，加快抓取速度；取料臂上装有导入饲料添加剂的专门入口，遇到紧急情况自动锁死，安全可靠；醒目的仪表盘便于时时观察搅拌车的运行。

二、青贮取料机

青贮取料机（图 143）是一种养殖取料设备，适用于牛场或养牛小区。适合各种规格青贮窖，自走式设计，方便现场操作。减少劳力、劳动时间，降低劳动强度，提高了牧场工作效率，降低了取料成本。

青贮取料机 2～3min 一刀，可抓取青贮 1～2t，省时省工。取用后的青贮截面整洁，保持了原有的压实度，减少了青贮与空气的接触面，避免二次发酵，提高青贮品质，降低牛群发病率。

图 143　青贮取料机

三、多功能滑移装载机

滑移装载机（图 144）具有体积小、重量轻、原地 360°回转、机动性能好、附件功能多等特点，是牧场作业的"多面手"。从牧场日常的草料搬运、饲料撒布、青贮处理、到清理粪污甚至厂内道路的清扫，均可以用其装载。滑移装载机原地360°回转，零回转半径，特别适合于狭小空间的作业，对于牧场更是可以自如地穿梭于卧床密集、通道窄小的牛舍内。

图 144　多功能滑移装载机

专题九
清粪设备与设施

专题提示

养殖污染已成为制约现代畜牧业发展的瓶颈，规模养殖废弃物的无害化处理和畜禽粪便综合利用成了养殖工作中的重中之重。

I 地面和地板

一、普通地板

猪舍的普通地板常由混凝土砌成，一般厚10cm。如果有大型重车经过，可加大到15cm厚。地面向沟或向漏缝地板应有4%～8%的坡度，以便于粪尿的流动，也便于用水清洗。在哺乳母猪的猪栏和奶牛的牛床上，有时铺有垫草，以改善其环境，但垫草不利于清粪。

二、漏缝地板

1. 钢筋水泥漏缝地板

钢筋水泥漏缝地板（图145a）在猪舍应用最广泛，其表面应光滑，棱边应做成圆角。一般由若干栅条组成一整体，每根栅条为倒置的梯形断面，预制时在断面的上、下两个位置各设一根加强钢筋。其规格可根据猪栏及粪沟的设计要求而定，常用于大牲畜如成年的猪和牛。

2. 塑料漏缝地板

塑料漏缝地板（图145b）是用工程塑料压模而成的，可将小块连接组合成大片。适用于幼猪保育栏地面或分娩栏仔猪活动区地面。它体轻、价廉，但易引起牲畜的滑跌。

3. 木制漏缝地板

木制漏缝地板(图 145c)的价格低廉,但寿命短,为 2～4 年。

4. 钢制漏缝地板

钢制漏缝地板主要用于小家畜(猪、犊牛和羊)以及家禽。钢制漏缝地板有 3 种(图 145d、图 145e 和图 145f):图 145d 为带孔型材;图 145e 为镀锌钢丝的编织网,用于仔猪;图 145 是用直径 4～5mm 金属条编织焊接而成的。这种地板粪便下落顺畅,栏内清洁干燥,猪行走时不打滑,利于猪的生长,适用于分娩栏和幼猪保育栏。钢制地板寿命比较短,为 2～4 年,一般都进行镀锌、喷塑或涂环氧树脂以延长其寿命。

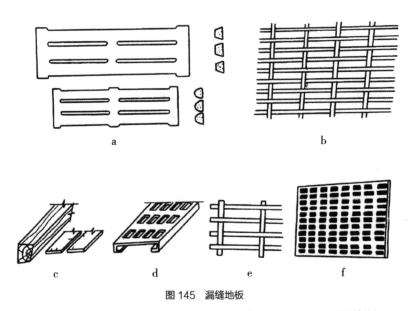

图 145 漏缝地板

a.钢筋水泥漏缝地板 b.塑料漏缝地板 c.木材漏缝地板 d、e、f.钢制漏缝地板

漏缝地板的主要尺寸参数是板条宽度和缝隙宽度,板条的大小应做到既不伤猪又干净。钢筋水泥漏缝地板的板条宽度用于幼猪舍为 75～130mm,育肥舍为 100～200mm;缝隙宽度用于仔猪为 9～25mm,幼猪为 20～25mm,育肥猪为 25mm,母猪为 30mm。金属漏缝地板板条宽度为 30～50mm;缝隙宽度用于仔猪为 9mm,幼猪为 13mm。一般情况下,缝隙窄,板条也窄;缝隙宽,板条也宽。

II 清粪设备

一、刮板式清粪设备

1. 刮板式清粪机

刮板式清粪机（图146至图148）由牵引机（电动机、减速器、绳轮）、钢丝绳、转角滑轮、刮粪板及电控装置5大部分组成。

图146　笼养刮板式清粪机

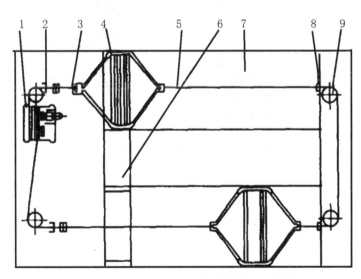

图147　9FZQ-1800型刮板式清粪机平面布置图

1. 牵引装置　2. 限位清洁器　3. 张紧器　4. 刮粪板　5. 牵引钢丝绳
6. 横向粪沟　7. 纵向粪沟　8. 清洁器　9. 转角轮

工作原理：工作时电动机驱动绞盘，钢丝绳牵引刮粪器。向前牵引时刮粪板呈垂直状态，紧贴地面，刮粪到达终点时，刮粪器前面的撞块碰到行程开关，使电动机反转，刮粪板返回。此时刮粪器受到背后钢丝绳牵引将刮粪板抬起，越过鸡粪，因而后退不刮粪。到达起点后进入下一个循环。

用于网上平养和笼养，安置在鸡笼下的粪沟内，刮板略小于粪沟宽度。每开动一次，刮板做一次往返移动，刮板向前移动时将鸡粪刮到鸡舍一端的横向粪沟内，返回时，刮板上抬空行。横向粪沟内的鸡粪由螺旋清粪机排至舍外。视鸡舍设计，1台电机可负载单列、双列或多列。

刮板式清粪机一般用于双列鸡笼，一台刮粪时，另一台处于返回行程不刮粪，使鸡粪都被刮到鸡舍同一端，再由横向螺旋式清粪机送出舍外。

通常使用的刮板式清粪机分全行程式和步进式两种。全行程式刮板清粪机适用于短粪沟。步进式刮板清粪机适用于长形鸡舍，其工作原理和全行程式完全相同。

刮板式清粪机的结构简单，安装、调试和日常维修方便，工作可靠，机器噪声小，消耗功率小，清粪效果好，但要求地面平滑。适合笼养蛋鸡舍的纵向清粪工作，是目前鸡场普遍采用的方法。

图148　网上平养刮板式清粪机

注意事项：刮板式清粪机利用摩擦力及拉力使刮板自行起落，结构简单。但钢丝绳和粪尿接触易被腐蚀而断裂。采用高压聚乙烯塑料包覆的钢丝，可以增强抗腐蚀性能。但塑料外皮不耐磨，容易被尖锐物体割破失去包覆作用。因此，要求与钢丝绳接触的传动件表面必须光滑无毛刺。

目前，改进的刮板式清粪机采用了尼龙绳做牵引件，尼龙绳强度高、耐腐蚀、使用寿命长，但尼龙绳易磨损，怕阳光暴晒。

2. 链式刮板清粪机

链式刮板清粪机由链式刮板、驱动装置、导向轮和张紧装置等部分组成，如图149所示。

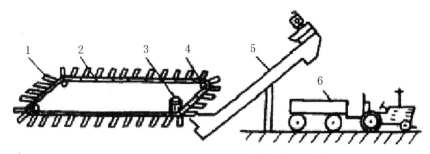

图149　链式刮板清粪机结构示意图

1. 刮板　2. 链条　3. 驱动装置　4. 导向轮　5. 倾斜升运器　6. 运粪拖车

工作时，驱动装置带动链条在粪沟内做单向运动，装在链节上的刮板便将粪便带到舍端的小集粪坑内，然后由倾斜升运器将粪便提升起并装入运粪拖车运至集粪场。

粪便具有很强的腐蚀性，因此链条和挂板通常用不锈钢或防腐镀锌处理的钢材制造。粪沟的断面形状要与刮板尺寸相适应。为了保证良好的清粪效果，刮板应能自由地上下倾斜，以使刮板底面能紧贴在粪沟底面上。

链式刮板清粪机一般安装在猪舍的开式粪沟（明沟）中，即在猪栏的外面开一粪沟，猪尿自动流入粪沟，猪粪由人工清扫至粪沟中。此种方式不适用在高床饲养的分娩舍和培育舍内清粪。倾斜升运器的构造与刮板输送器大体相同，有单独的电机驱动。为了使粪便装载提升可靠，倾斜升运器安装倾斜角≤30°。链式刮板清粪机的主要缺陷是由于倾斜升运器通常在舍外，在北方冬天易冻结。因此北方地区冬天不可使用倾斜升运器，而应由人工将粪便装车运至集粪场。

3. 多层式刮板清粪机

多层式刮板清粪机主要用于鸡的叠层笼养，如图150所示。为了避免钢丝绳打滑，主动卷筒和被动卷筒采用交叉缠绕，钢丝绳通过各绳轮并经过每一层鸡笼的承粪板上方。每一层有一刮板，一般排粪设在安有动力装置相反的一端。

开动电动机时，有两层刮板为工作行程，另两层为空行层，到达尽头时电动机反转，刮板反向移动，此时另两层刮板为工作行程，到达尽头时电动机停止。刮粪板的工作原理与前述类似，只是结构更简单，刮板的高度和宽度也较小。各层鸡笼下的承粪板可采用玻璃板、镀锌铁板、水泥板、压力石棉水泥板、钙塑板、电木板等。

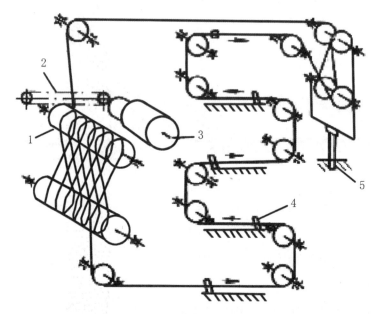

图 150　多层式刮板清粪机结构示意图

1.卷筒　2.链传动　3.减速电机　4.刮板　5.张紧装置

二、输送带式清粪机

图 151　输送带式清粪机

164

在机械化养鸡场的叠层式鸡笼上多采用带式清粪机（图151）。它可以省去盛粪装置，鸡群的粪便可直接排泄在输送带上，工作时传动噪声小，使用维修比较方便，生产效率高，动力消耗少。粪便在输送带上搅动次数少，空气污染少，有利于鸡的生长。但使用中易出现的问题是输送带经使用后发生延伸变形而打滑，影响工作，因此需经常调整。

带式清粪机主要由驱动减速机构、传动机构、主动辊、被动辊、输送带和托辊等组成。在主动辊一端还装有固定式清粪板和旋转式除粪刷。在从动滚筒上装有调整机构，一般多用螺杆调整输送带的紧度。调整时两边的紧度要一致，以防输送带走偏。

工作时，电动机经减速后通过传动链条驱动各层主动滚筒，利用摩擦力带动输送带运转，被动辊也随之转动。除粪刷以相反方向旋转，将输送带上的粪便刷到清粪板上，没有刷到的粪便又经清粪板再次刮除。除掉的粪便落入地面的横向粪沟，再由横向清粪机将其送到舍外。由于输送带的工作长度较大，为防止输送带下垂，在输送带下面还装有托辊。输送带有橡胶带、涂塑锦纶带和玻璃纤维带等种类。国内常用的是双面涂塑锦纶带。

三、螺旋弹簧横向清粪机

螺旋弹簧横向清粪机主要用于鸡舍的横向清粪。作为大、中型养鸡场机械化清粪作业的配套机械，当纵向清粪机将鸡粪清至鸡舍一端的横向粪沟时，由横向清粪机将鸡粪输送至鸡舍外。螺旋弹簧横向清粪机主要由电动机、减速箱、清粪螺旋、支板、螺旋头座焊合件、接管焊合件、尾座焊合件及机尾轴承座等组成（图152）。

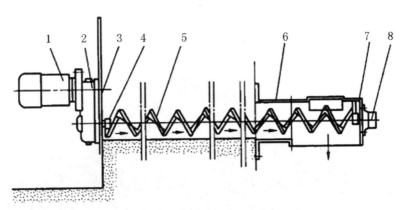

图152 螺旋弹簧横向清粪机结构示意图

1.电动机 2.减速箱 3.支板 4.螺旋头座 5.清粪螺旋
6.接管焊合件 7.螺旋尾座 8.尾轴承座

工作时，由电动板经变速箱把动力传给主动轴，经螺旋头座焊合件带动清粪螺旋转动，将鸡粪螺旋推进、排出鸡舍。此种清粪方法清粪效率高，机器结构简单，故障少，安装维修方便，但噪声大。

四、移动式清粪机

1. 9FZ-145 型清粪车

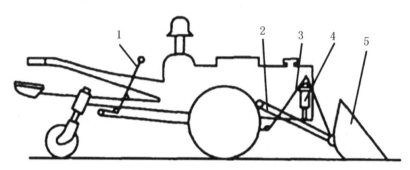

图 153　9FZ-145 型清粪车结构示意图

1.起落手杆　2.铲架　3.钢丝绳　4.深度控制装置　5.除粪铲

图 153 为 9FZ-145 型清粪车，它由除粪铲、铲架、起落机构等组成。除粪铲装于铲架上，铲架末端销连在手扶拖拉机的一个固定销轴上。扳动起落机构的手杆，通过钢丝绳、滑轮组实现除粪铲的起落。该清粪车除可用于猪场的清粪，也可用于高床（粪沟深 1.8m 以上）笼养和平养鸡舍的清粪。清粪车具有造价低、工作部件腐蚀现象不严重、采用内燃机作动力不受电力的影响等特点。但在使用中粪铲两侧有溢粪现象，需用人工进行辅助清扫。另外，还存在着内燃机废气和噪声等污染问题。

2. 清粪铲车

图 154　清粪铲车

目前，我国没有专门针对牛舍清粪研制的清粪铲车。牧场现在采用的清粪铲车图154多由小型装载机改装而成，推粪部分利用废旧轮胎制成一个刮粪斗，更换方便。这种铲车工作噪声大，易对牛造成伤害和惊吓，只能在空舍的时候清粪，每天清粪次数有限，难以保证牛舍的清洁，且此车体积大，操作不灵活，耗油大，运行成本高。在清除运动场牛粪时，机械铲车收集是最主要的方式，在气候干燥、降水少的区域，其利用率较高。

3. 清粪机器人

图 155　清粪机器人

清粪机器人（图155）是一款用于漏缝地板清粪的全自动智能设备，可预先设置程序编制清扫路线及自动记忆。清粪机器人具有机械刮粪板所有的优点，且具有动物友好性，自动充电，运行时无噪声，没有易磨损部件，维修费用低，不易损坏，但初期成本高。

III　清粪设施

一、自落积存式清粪设施

舍内地上粪坑用于鸡的高床笼养。鸡笼组距地面1.7～2.0m，在鸡笼组与地面之间形成了一个大容量粪坑，坑内粪便在每年更换鸡群时清理一次。依靠通风使鸡粪干燥。如图156a的例子，除将排风机安于笼组下的侧墙以上外，还设有循环风机，促使鸡粪的水分蒸发。每年清理的鸡粪常做固态粪处理，一般在鸡舍两端有通粪坑的门，以便装载机进入清理粪便。高床笼养必须严格控制饮水器的漏水。

舍内地下粪坑常用于猪舍和牛舍，见图156b，坑由混凝土砌成，上盖漏缝地板。为支承漏缝地板常有一定数量的砖或混凝土的柱子。粪坑储存一批粪便为4～6个月。坑的深度：猪舍为1.5～2.0m，牛舍为2～3m。在粪坑侧面的若干点设有卸粪坑，上有盖板，卸粪坑与储粪坑相通，卸粪坑底比储粪坑底深450mm左右，用来卸出储粪坑内的粪。

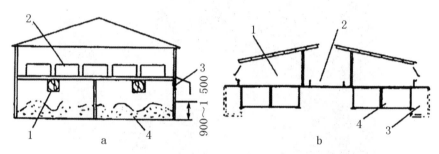

图156 自落积存式清粪设施示意图（mm）

a.高床笼养鸡车：1.循环风机 2.鸡笼 3.排气风机 4.鸡粪

b.带舍内地下储粪坑的牛舍：1.牛栏 2.通道 3.卸粪坑 4.粪坑

畜禽舍地下粪坑在使用前应放入10～30cm深的水，粪坑设有1～2个装有排风机的排气口，其风量等于畜禽舍的冬季最小通风量，以排出潮气并避免有害气体向上进入畜禽舍。卸空前2～4h应进行搅拌，并同时进行通风，搅拌时应使畜禽离开畜禽舍。

二、自流式清粪设施

1. 截流阀式清粪

截流阀式清粪（图157）所用的主要设备有截流阀、钢丝绳、滑轮和配重等。在粪沟末端连接一个通向舍外的排污管道（直径为200～300mm），在排污管道与粪沟之间有一个截流阀。为了彻底清除粪便，通常采用"U"形粪沟。平时，截流阀将排污口封死，猪粪在冲洗水及饮水器漏水等条件下稀释成粪液。在需要排出时，将截流阀提起，液态的粪便通过排污管道排至舍外的总排粪沟。截流阀通常用不锈钢碗内浇注水泥而制成。不锈钢碗面直径一般为250mm。

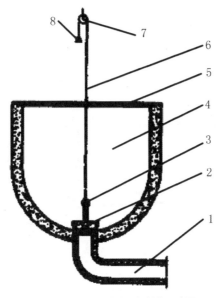

图 157　截流阀式清粪设施结构示意图

1. 通向舍外的排污管道　2. 截流阀　3. 钢丝绳吊环　4. 舍内粪沟横断面

5. 漏缝地板　6. 钢丝绳　7. 滑轮　8. 配重

为了降低粪沟的深度，对于较长的猪舍（60m 以上），可将通向舍外的排污管道建在猪舍的中间，使粪水从两端向中间流。两次排污的时间间隔可根据粪沟的容积而定，一般为 1～2 周。时间间隔越短，越有利于改善猪舍的空气质量。每次排污后，要向粪沟内灌 50～100mm 深的水，以利于粪便的稀释。

2. 沉淀闸门式清粪

沉淀闸门式清粪是在纵向粪沟的末端与横向粪沟相连接处设有闸门（图158）。此闸门应便于开启和关闭，关闭时密封要严密。在纵向粪沟的始端靠近沟底位置装有冲洗水管出口，以便在打开闸门时，放出的冲洗水能够有效地冲洗粪便。沉淀闸门式清粪方式的工作过程是：首先将闸门严密关闭，打开放水阀向粪沟内放水，直至水面深 50～100mm。猪排出的粪便通过其践踏和人工冲洗经漏缝地板落入粪沟中，粪便在水的稀释作用下成为液态。每隔一定时间打开闸门，同时放水冲洗，粪沟中的粪液便经横向粪沟流向舍外的总排粪沟中。粪液排放完毕后，关闭闸门，继续重复开始的过程。

闸门可用木板、塑料板、玻璃钢板或经过防腐处理的钢板等材料制造。

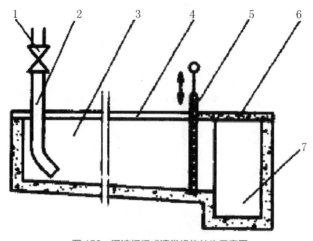

图 158　沉淀闸门式清粪设施结构示意图

1. 放水阀　2. 冲洗水管　3. 纵向粪沟纵断面　4. 漏缝地板

5. 闸门　6. 横向粪沟盖板　7. 通向舍外的横向粪沟

3. 连续自流式清粪

这种清粪方式与沉淀闸门式基本相同，不同点仅在于纵向粪沟末端以挡板闸门（图 159）代替后者的闸门。平时，挡板闸门的挡板和闸门之间保持 50～100mm 的缝隙，其作用是使粪沟中的粪液能够连续不断地从此缝隙流到横向粪沟中，结果是加长了冲洗周期，使冲洗用水量减少。

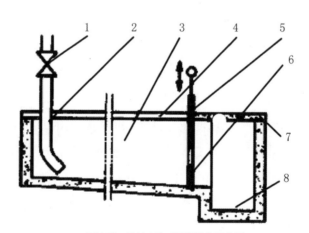

图 159　连续自流式清粪设施示意图

1. 放水阀　2. 冲洗水管　3. 纵向粪沟纵断面　4. 漏缝地板　5. 闸门

6. 挡板　7. 横向粪沟盖板　8. 通向舍外的横向粪沟

连续自流式清粪方式的工作过程是：首先向粪沟中灌水，直至挡板闸门中的缝隙有水流出为止。随着猪粪尿及冲洗猪舍用水的不断落入，粪沟内的粪液也不断地通过挡板闸门中的缝隙流向横向粪沟。当粪便将要装满粪沟时，沟内水分相对减少。为了能在打开挡板闸门时实现自流，应适当地关小闸门，使粪液中的水分保持在合适的范围内。当粪沟始端粪液表面距漏缝地板（或地面）大约200mm时，打开挡板闸门，粪液便以自流状流向横向粪沟和总排粪沟中。在粪液流出时放入少量冲洗水，冲洗粪沟内局部沉积的干粪。

与截流阀式清粪一样，在采用沉淀闸门式和连续自流式清粪时，对于较长的猪舍可将通向舍外的横向粪沟建在猪舍的中间，使粪水从两端向中间流。

三、水冲式清粪设施

1. 简易放水阀

简易放水阀装在粪沟始端的水池中。水池进水及水面高度靠浮子控制，出水阀通过杠杆靠人工控制，适时放水冲除粪尿。这种放水阀结构简单，造价低，操作方便，但密封可靠性差，容易漏水。

2. 自动翻水斗

自动翻水斗如图160所示。它主要由盛水翻斗、转轴、翻转架重心调节装置及支撑等组成，设置在粪沟始端。盛水翻斗是一个两端装有转轴、横截面为梯形的水箱，转轴位置要在横截面的中心以上。常用经过防腐处理的钢板、不锈钢板、玻璃钢和PVC塑料等材料制作盛水翻斗。

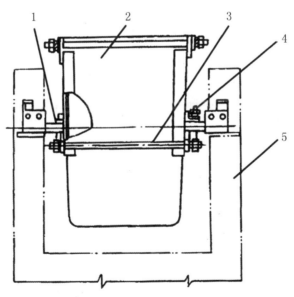

图160 自动翻水斗结构示意图

1.转轴 2.盛水翻斗 3.转轴架 4.重心调节装置 5.支撑

工作时，根据每天冲洗次数，调好进水龙头流量，供水管不断向盛水翻斗供水，随着内部水面上升，盛水翻斗重心不断改变，当水面上升到一定高度时，盛水翻斗绕转轴自动倾倒，几秒钟内可将全部水倒入冲入粪沟，粪沟中的粪便在水的强大冲力作用下被冲至舍外的总排粪沟中。翻水斗内水倒出后，其重心发生变化，在自身重力的作用下自动复位。自动翻水斗结构简单，工作可靠，冲力大，效果好，但与简易放水阀相比造价较高，噪声大。

3. 虹吸自动冲水器

常用的虹吸自动冲水器有"U"形管式和盘管式两种结构形式。图161为"U"形管式虹吸自动冲水器结构示意图。工作时随着水池水面上升，虹吸帽内的水面也上升，水面上升到一定高度时，虹吸帽上的排气孔被封闭，虹吸帽内的空气被密封。随着水面的继续上升，密封气室压力也提高。当水池水面超过虹吸帽顶150mm左右时，在密封气室的压力作用下，排气管的水和密封气体被压出，密封气室的压力迅速下降，虹吸帽内的水面迅速上升，越过"U"形管顶，连同整个水池的水迅速排出，冲入粪沟，粪沟中的粪便在水的强大冲力作用下被冲至舍外的总排粪沟中。"U"形管式虹吸自动冲水器冲水量的大小由水池底面积及虹吸帽高度决定。

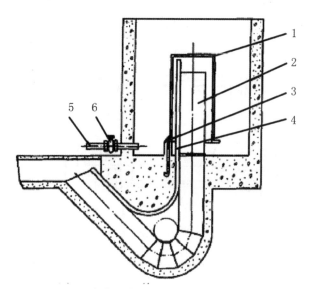

图161 "U"形管式虹吸自动冲水器结构示意图

1.虹吸帽 2.主虹吸管 3.固定螺母 4.排气管 5.排水管 6.放水阀

"U"形管式虹吸自动冲水器具有结构简单（没有运动部件）工作可靠、耐用、排水迅速（排放1.5m³水只需12s）、冲力大、自动化程度高及管理方便等特点。

图162为盘管式虹吸自动冲水器结构示意图。工作时随着水池水面上升，

虹吸盘上腔和铜管中的水面也上升（虹吸盘上有进水孔与水池相通），当水面上升到铜管顶部后，虹吸盘上腔和铜管中的水靠虹吸作用迅速流出。由于铜管直径大于进水孔直径，因此虹吸盘上腔形成真空，在腔内外压力差的作用下膜片被提起打开，水池中的水通过虹吸盘下腔的排水管迅速排出，冲入粪沟，粪沟中的粪便在水的强大冲力作用下被冲至舍外的总排粪沟中。

盘管式虹吸自动冲水器冲水量的大小由水池底面积及铜管高度决定。冲水速度则取决于排水管的直径。据测试，当出水管直径为 200mm 时，排放 $1m^3$ 的水大约需要 12s。这种冲水器结构较为简单，运动部件不多，工作可靠。

虹吸自动冲水器的每天冲洗次数靠调节水龙头的流量来控制。

水冲清粪和自流式清粪共同的优点是设备简单，投资较少，工作可靠，故障少，易于保持舍内卫生。其主要缺陷是水量消耗大，流出的粪便为液态，粪便处理难度大，也给处理后的合理利用造成困难。在水源不足及没有足够的农田消纳污水的地方不宜采用。

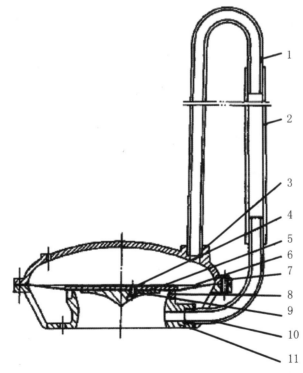

图 162 盘管式虹吸自动冲水器结构示意图

1.上虹吸管　2.连接虹吸管　3.虹吸盘上盖　4.连接螺栓　5.膜片上盖　6.膜片

7.固定螺丝　8.密封环　9.膜片锥体　10.下虹吸管　11.虹吸盘底座